珊瑚礁

不可思議的海洋生命系統

A Very Short Introduction, Second Edition

Coral Reefs

CHARLES SHEPPARD

查爾斯·謝菲爾德
著

王惟芬
譯

目錄

第一章

地質學還是生物學？

發現之旅以及早期探險家

在過去的好幾個世紀以來，珊瑚礁一直為人所敬畏。早期的水手對其敬而遠之，博物學家則為之困惑不已，不過這些長出海面的神祕岩石結構倒是造福過不少沿海居民。不僅一直為他們提供食物來源，還為這些礁石背風處發展的無數個沿海社區提供抵禦風暴和巨浪的防波堤。

早在科學家想要探究珊瑚礁到底為何物之前，人們就已經接觸到並且以多種方式利用珊瑚礁。在沿海村莊之外，開始有人懂得在珊瑚礁覓食，也許第一批人是那些沿著紅海航行到吉達（Jeddah）的朝聖者，吉達是通往聖城麥加（Mecca）的港口，那一區的紅海是珊瑚礁非常豐富的地方——不過若是站在水手的角度來看，那是一片危機四伏的海域。然後是歐洲人與珊瑚礁的相遇，在他們的角度來看，隨著往東印度群島（East Indies）和西印度群島（West Indies）的貿易發展，船隻陷入珊瑚礁水域而以海難告終的機率也變得更高，於是那裡成了無數商人嚥下最後一口氣的安息之處。珊瑚礁之所以嚴重威脅到航行船隻的安全，是因為牠們特有的生物特性，會在退潮時突出到海面上方。在這些深受其害的歐洲探險家中，也許最知名的就是庫克船長（Captain Cook）了，他前去探索澳洲海岸時，差點在大堡礁（Great Barrier Reef）附近丟了性命。

儘管如此，珊瑚礁的價值始終遠遠超過牠們對航行所構成的危害。珊瑚礁廣泛分布於熱帶地區，自人類從非洲擴散開來，有些人取道印尼和菲律賓群島向東，一路遷移到太平洋島嶼，人們就在珊瑚礁附近定居下來，是受到這裡有大量可食用的魚類和無脊椎動物所吸引。那些住在珊瑚礁附近的人們，幾乎所有的蛋白質來源都是靠在退潮時捕魚或撿拾各種海產，而且至今仍然有許多人如此生活著。即使是住在離海邊較遠的人們，大部分的食物也來自珊瑚礁，主要是從那些在珊瑚礁區捕撈到遠超過自身所需的人那裡獲得。

歐洲人最初大多是向西航行，穿越大西洋，然後在那裡遇到被珊瑚礁環繞的加勒比海群島（islands of the Caribbean）。哥倫布首次登上新大陸會那麼棘手，

（根據某些說法）就是因為選了巴哈馬聖薩爾瓦多島（San Salvador island）的珊瑚礁區，這批勇敢的航海家還以為那裡就是世界另一端的契丹（Cathay，譯註：這是中古世紀歐洲對中國的稱呼）。在最初的探險之旅後，接下來進入了博物學家的時代。此時，位於加勒比海主要地區北方的珊瑚島百慕達（Bermuda），因為提供這些早期前去探險的博物學家在旅途中途停留成為中繼站，而變得重要起來。這段探索時期促進了現代科學的開端，因為當時許多探險船上都載有一位博物學家，可能是由國王或大公這些地理大發現早期的主要贊助者所任命的。不久之後，載有這些博物學家的船隻也開始向東航行，有時是專為探險而組的船隊，但更常見的是委派這些博物學家搭船同行。其中一位名叫卡斯騰・尼布爾（Carsten Niebuhr）的博物學家在向東航行的旅程上寫到了珊瑚礁：

在我的旅程中，有好幾次談到這些海洋昆蟲形成的驚人覆蓋物，也就是在岸邊一片片的巨大珊瑚礁，這幾乎填滿了〔大海〕。讀者可以自行想像在這樣的海域會遇到什麼樣的石珊瑚（madrepores）和千孔珊瑚（millepores）。

這是他在一七九二年寫下的。在這段時間以及往後很長的日子裡，世人幾乎完全無法看到或理解水面下發生的事情。航海圖上仍繪製著海怪，而這些海怪圖示的用處基本上跟標記有許多珊瑚礁的位置差不多。五十年後，也就是一八三八年，同樣向東旅行的雷蒙·威爾史戴德（J. Raymond Wellstead）仍然對這一切感到困惑：

海洋表面和深處都隱藏著超越人類觀察和研究能力的祕密……哪裡有神祕，哪裡就會引發人的興趣，而且越是神祕，人就越感興趣。

當時還有一位後來在珊瑚學界變得非常有名的博物學家艾倫伯格（C. G. Ehrenberg），他在一八三二年寫道：

就像蜂鳥在熱帶植物周圍嬉戲，海中也有長度不到一吋的小魚在花朵般的珊瑚旁穿梭，牠們永遠不會長大，身上閃耀著金色、銀色、紫色和天藍色的光芒。

這些博物學家顯然對珊瑚礁著迷不已，但也因為無法好好觀察這些生物而感到沮喪。不過有些人漸漸開始向牠們靠近；在過了半世紀後，也就是一八七八年時，克倫辛格（C. B. Klunzinger）寫道：

沒有什麼地方比這裡更能讓人安靜而舒適地觀察珊瑚的生命，以及當中的一切，儘管得趴在地上——這對博物學家來說只是小事一樁——並在珊瑚叢上方一直握著放大鏡，拿在鼻尖處。

與此同時，演化論的共同發現者阿爾弗雷德．拉塞爾．華萊士（Alfred Russel Wallace）在一八六九年則描寫了印尼的珊瑚礁：

這裡的海水十分清澈，讓我見識到最為驚人和美麗的景觀。海底絕對隱藏著連綿不絕的珊瑚、海綿、海藻和其他海洋生物，其規模之宏大，形式之多樣，色彩之豐富……這是一個可以讓人凝視幾個小時的地方，其景象難以言喻，這驚人的美麗和趣味實在無法能用筆墨來形容。

而這樣的震憾感受是在他去了亞馬遜，甚至是印尼群島等充滿異域風情之地探索後油然而生的，可見當地的珊瑚礁生態有多特別。

珊瑚礁的生長方式——「珊瑚礁謎題」

在十九世紀，珊瑚礁的研究是由地質學家所主導，累積起世人對這些非凡結構何以形成的認識。當時針對珊瑚礁結構如何往上長到海平面卻停止下來的問題存在著很大的爭議，也有激烈的爭論。就某個角度來看，這很容易回答：牠們是由不會離開海水的海洋生物所製造出來的。但這些生物是什麼呢？——是動物？還是植物？又是如何製造出礁體的？在某個階段還有人提出「微動物」（animalcule）一詞，用來描述那些令人費解的一束束觸手，牠們附著在珊瑚礁岩頂部擺動著，有些可長達到好幾吋，但大多數都很小。這在生物學層面顯然非常令人困惑，不過在地質學這邊，早期的科學家開始看到實際發生的狀況。

科學家知道這種礁岩是石灰岩（limestone），也就是碳酸鈣（calcium carbonate），而且是一種非常純淨的形式。他們也知道許多動物的殼是由石灰質構成的。但是儘管大家都知道海洋生物會產生石灰質，但這些珊瑚礁的結構非常大。在離海好幾里的內陸地區也有石灰岩丘陵和山脈，這些地理構造顯然非常古老。莫非這些也是海洋生物建造出來的嗎？在當中確實有找到海洋化石，這顯示這些構造的確來自海洋——不過這對許多抱持《聖經》時間跨度觀的博物學家來說，無疑是個令人頭大的難解問題。在還不清楚地球到底有多古老之前，這樣一個隱含著地球具有巨大時間跨度的發現，既讓人困惑不已，又極具啟發性。

查爾斯·達爾文（Charles Darwin）著名的《小獵犬號》（*Beagle*）之旅也是珊瑚礁科學的一大轉折點。儘管他以演化論而聞名於世，但我個人認為達爾文在一八四二年發表那本關於珊瑚礁形成和地表部分區域大規模運動的書也同樣具有原創性和洞見。他的理論是基於火山（以及地表其他構造）的大規模下沉來推演。達爾文提出珊瑚這種動物只能在靠近海面的地方生長，隨著牠們賴以生長的基質逐漸沉入，珊瑚會不斷向上生長，一個覆蓋在另一個之上，這樣牠們便能保持在淺水區中溫暖水域的位置。當時在珊瑚礁化石的切片中確實已經觀察到珊瑚嵌入石灰岩基質，所以達爾文理論中的這一點並沒有引發什麼震驚；比較讓一些人感到驚訝和質疑的是如果達爾文的解釋是正確的，所涉及的時間跨度竟然需要這麼長久。他的理論簡單但相當精確有力，最終仍為學界接受，並在他辭世很久後才得到驗證。

不過在達爾文的時代，這還只是一個不完整的理論，而且有很多年的時間，它並未取代早期的各種理論。例如，一八二一年，馮・查米索（Von Chamisso）注意到在大多數珊瑚礁外圍的湍流水域中，造礁珊瑚生長得最好。這讓他相信在這種條件中，珊瑚會向上生長，因此，無論牠們下方的基質為何，最後都會以珊瑚環礁這種典型的環狀形狀長到海面。另外還有兩位知名的研究二人組郭伊（Quoy）和蓋瑪（Gaimard），他們認為珊瑚只是在古老火山的邊緣生長。至於為何會有這麼多火山恰好在水面下達到相同高度則從未加以解釋。儘管有這樣的缺漏，這個理論還是得到了優秀的地質學家查爾斯・萊爾（Charles Lyell）的支持，直到達爾文的理論出現，他才改變立場。

今天公認的機制如下：在發生任何沉降事件前，例如在一座新火山的側翼——包含側翼的任何地方，不限定在邊緣——珊瑚都會在海面下的透光區（即有足夠光線的地方）建立起來。之後，火山會稍微下沉，珊瑚礁則會環繞著島嶼沿岸長大，形成我們所謂的裙礁（fringing reef），如圖1。然後，隨著火山進一步下沉和珊

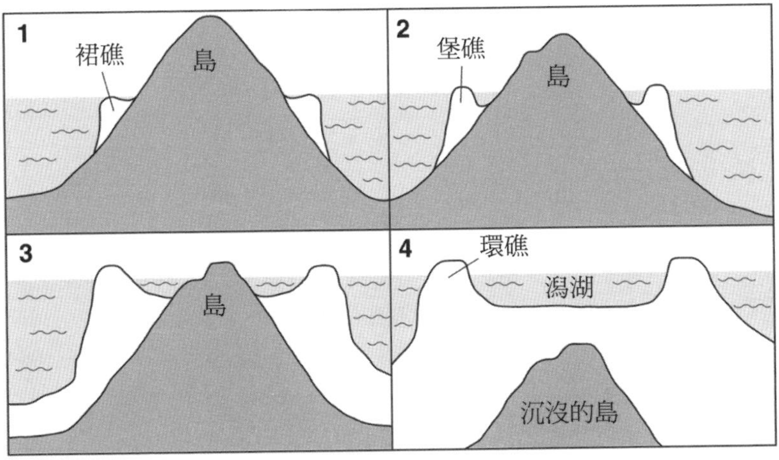

圖 1　達爾文關於裙礁、堡礁和環礁的演化順序簡圖，隨著位於中間的火山在數百萬年間逐漸消退而出現的珊瑚礁型態演變。

瑚礁持續向上生長，從海面上看珊瑚礁似乎與陸地分離，並形成離海岸越來越遠的珊瑚礁——堡礁（barrier reef）。堡礁有個很簡單的定義，就是在礁石和海岸線間會有一條能夠通航的水道。

這個順序的最後階段是火山島進一步下沉，完全被淹沒，因此從海面上只會看見一個珊瑚環，也就是環礁（atoll）。這並不是一圈珊瑚簡單地坐落在一座古老火山的邊緣上，這樣的講法太過簡化了。首先，今天這些古火山可能位於數百或數千公尺深處，我們現在也知道由於這段期間還有冰河消長的循環造成海平面的反覆升降，大幅改變和修改過去形成的簡單結構，而且在這反覆生成的時期中，還交雜著完全沒增長和遭受侵蝕的時期。此外，由於石灰岩比較容易被雨水溶解，這代表在幾個地質時期出現海平面下降時，海面上的舊珊瑚礁也會受到大量侵蝕。所有這些因素都會增加我們今天在海面上觀察到的珊瑚礁的複雜性。

達爾文以沉降（subsidence）來解釋環礁形成的廣義理論可以用來說明一般情況，雖然這個理論算是相當正確，但它不能完全解釋何以世界上會出現這麼多複雜的堡礁、島嶼和裙礁的珊瑚礁網路。達爾文關於珊瑚礁形成的簡單進程有許多例外與難題，這導致接下來一百多年的爭論，顯示珊瑚礁確實是個複雜的問題。珊瑚礁在海平面高時會向上生長，碰觸到海面，而在海平面下降時則會被侵蝕。目前對珊瑚礁的認識日漸累積，不僅是關於其垂直的陸地運動，還有關於持續數千年、通常是在冰河時代的海平面巨大變化，都顯示在達爾文基本正確的中心想法上，增添了層層的複雜性。

複雜性和證明

許多鑽探工程試圖穿透珊瑚礁到達基岩，證明達爾文的理論，諸如在一八九八年的富納富提環礁（Funafuti atoll）、一九二〇年代和一九三〇年代在大堡礁，以及一九四〇年代在婆羅洲，但這些計畫在鑽探數百公尺依舊沒有碰觸到珊瑚岩以外的任何其他質地，全都遭到放棄。最後，終於在太平洋的比基尼環礁

（Bikini atoll）的鑽探工程，在深入一千三百四十公尺時，碰觸到下方的火山地基。然而，人們也注意到海平面的變化。雷金納德・戴利（Reginald Daly）在二十世紀早期曾提出「冰川控制假說」（Glacial Control hypothesis），指出海平面的巨變對珊瑚礁的形成也至關重要。當時，許多人將這個理論視為對達爾文沉降理論的挑戰，但實際上它只是加以補充。大衛・史都達特（David Stoddart）寫道：「如果達爾文的理論是關於珊瑚礁結構，那麼戴利的理論就是關於珊瑚礁的表面形態。」侵蝕對目前的珊瑚礁地貌產生了很大影響，特別是在陸地運動相對較快的地區。

還有其他幾個理論試圖解釋在不同地方看到的差異。之後又發展出「前期平台理論」（antecedent platform theory），用以解釋為什麼堡礁和環礁可以在透光區中任何合適的海下平台上發育，而裙礁的形成則不需要這個過程的中間階段。這理論需要有大量位於相似位置的海下平台，而對這種不太可能發生的狀況的一個解釋是：波浪侵蝕有可能會將所有火山降到相同的淺層深度。這個理論強調侵蝕的重要性，認為侵蝕與珊瑚的生長同等重要。當時也得知，雨水對古老珊瑚礁的侵蝕會導致大面積石灰岩出現碟形的凹陷，從而形成類似環礁的盤狀結構。愛德華・普爾第（Edward Purdy）提出的「岩溶碟理論」（karstic-saucer theory）無疑解釋了珊瑚礁內的許多結構，例如珊瑚礁岩石中稱為「藍洞」（blue holes）的深洞。

科學家通常傾向於支持單一理論，但不同的理論可能都是合理的，這取決於地點、情況和時間。在探討導致當今珊瑚礁普遍消失的原因時，也是這樣的情況。科學家可能會強烈受到他們自身經驗的影響，端視他們是在哪個地方工作過，以及他們所觀察過的珊瑚礁。事實上，在世界各地的海域或多或少都發生過這些歷程，但即使在今天，要讓科學家造訪大量不同的地點，檢視世界上所有的珊瑚礁情況，依舊難度很高，更何況是在只有簡單帆船的年代，那基本上是不可能的任務。

生物發現

當地質學界發展上述這些珊瑚礁形成的種種解釋時，科學家也對珊瑚礁的珊瑚、魚類和其他群聚做了廣泛的描述（圖2），儘管他們的理解可能相當有限。在早期地質學家提出珊瑚礁形成的解釋後，大約要再等上四分之三個世紀，生物學家才開始能夠以生態的角度來認識珊瑚礁上的生命，探索珊瑚礁的運作方式，了解各個部分是如何組織在一起，以及當中最重要的組成部分是什麼。長久以來，珊瑚礁上色彩斑斕、造型各異的生命早就吸引了博物學家的目光，他們通常對自己國家、較寒冷地帶的海岸生命更為熟悉。當時在實驗室和非常淺的珊瑚礁區已經可以使用顯微鏡和實驗設計取得一些重要發現，但是在生態功能這方面的認識，還是要等到潛水設備的出現。

本書是關於珊瑚礁的生物學和生態學，但是由於珊瑚礁中有大量的石灰岩沉積，因此也會談到一些地質學。然後，這又會牽扯到過去幾年來造成世界各地許

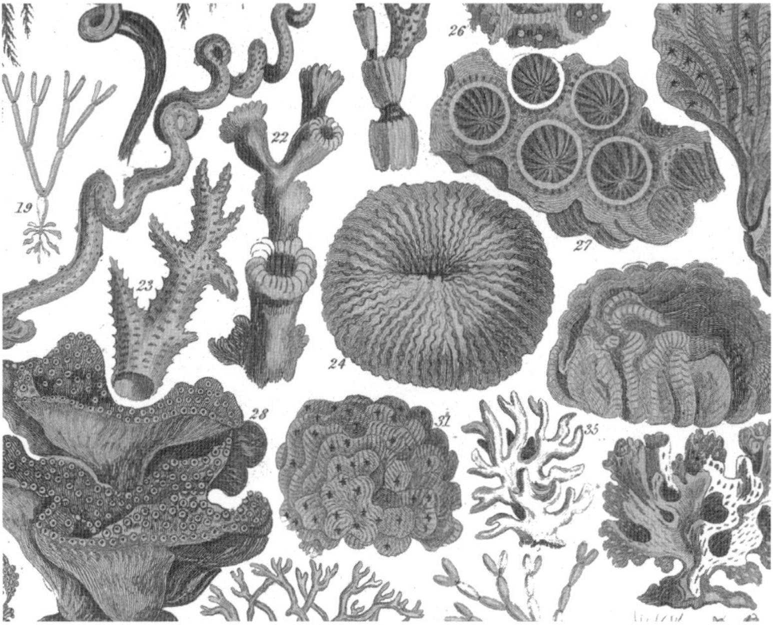

圖 2　早期的珊瑚分類圖非常準確和詳細，儘管通常是根據挖掘出來的碎片所繪製，而且偶爾在採集過程中標本還會受到損壞。（出自 *Goldsmiths Animated Nature*，本書內容以古生物之父居維葉〔Georges Cuvier〕遠征途中搜集回的動植物素材彙整、編輯而成，於 1852 年出版）

多珊瑚礁損毀的事件。這些事件大半是氣候變遷造成的，主要是與全球性的聖嬰現象相關的暖化衝擊。珊瑚礁的生物複雜性顯然很高，這也讓人難以理解。珊瑚礁在海洋面積僅占百分之一左右，但卻支持著大約四分之一的海洋生物多樣性，而珊瑚礁本身就是由這些生命所建構出來的。這裡的生物複雜性與珊瑚礁的重要性可說是旗鼓相當：在沒有遭到過度開發的破壞時，珊瑚礁的蛋白質生產率非常高。就此看來，套用經濟學家的用語，對那些日益需要牠們「服務」的人類社會而言，珊瑚礁變得越來越重要。據估計每公頃的珊瑚礁每年可提供超過三十三萬美元的價值，這包括提供附近居民食物，還能創造旅遊業和娛樂服務，吸引需要食物、住宿及交通的遊客前來，另外還擔負起防波堤的效益，這是一項大家漸漸體認到的功能。不斷成長的健康珊瑚礁能夠保護海岸線，無論是在熱帶村莊、高地價的沿海城市，還是在基礎設施、工廠和其他開發區。生物學家可能不太喜歡將珊瑚礁簡化為僅是提供食物、旅遊和庇護所這類服務的概念，但在這個過度擁擠和過度開發的世界，社會還是繼續朝著這樣的方向來解讀。此外，珊瑚礁的價值遠超過上述的各項服務，當中還展現出難以衡量的豐富生物多樣性以及美不勝收的景象。

對於許多科學家來說，珊瑚礁是迄今為止在世界海洋裡出現過最為有趣的生態系統。當中包含有許多科學悖論：在某些方面牠們很強大，但在其他方面卻異常脆弱。那裡生長著大量的物種，表面上看起來是一團混沌，但在表面混沌的背後卻有組織架構，而人類正開始認識這一切。珊瑚礁是深入了解自然組織方式的良好素材，希望我們能找到與珊瑚礁互動和使用珊瑚礁的方式，將破壞性影響降至最低。我們甚至應該要想辦法來取悅經濟學家和各國政府，展現出珊瑚礁如何為迅速增長的人口提供服務。

第二章

古礁和島嶼

古礁

我們不應該將珊瑚礁視為地球上的永久構造。在過去數億年的時間裡，有好幾個生物群形成了珊瑚礁，但牠們隨後就滅絕了。許多古老的珊瑚礁構造是由各種各樣的生物所構成的，這些生物在我們的星球上建造出龐大的石灰岩結構，在地層隆起後形成今日的丘陵和山脈。

在前寒武紀（Precambrian）時代，構造較為簡單的海洋生物會群聚在一起，在億萬年的時間裡累積出珊瑚礁。這些稱為「疊層石」（stromatolites），是由行光合作用的藍菌（cyanobacteria）所建造的，這樣的結構不僅會讓石灰質沉積其中，還會捕捉沉積物形成層狀的圓頂。那時是在太古時代，距離複雜生命形式出現的時期還很遙遠，當時大氣中的含氧量也很低。

大約從十八億年前開始，大氣中的氧氣已經顯著增加，就是因為這樣的變化，生命才能發展出耗氧形式的複雜多細胞構造。在寒武紀（Cambria）初期，過去存在的珊瑚礁開始消退，不過古杯動物（archaeocyathids）這一群新的造礁生物體已發展到頂峰，這種小型的海綿狀生物體可能是濾食性的生物。這個時期見證了動物生命的爆發。古杯動物在寒武紀末期滅絕，在接下來的幾千萬年裡，疊層石再次成為主要的造礁者。大約在那個時候，海綿（也是今天一些海綿的遠古祖先物種）成為重要的造礁者。海綿這類生物始終沒有消失，至今在珊瑚礁上仍然很豐富。在接下來的數百萬年，又有層孔蟲（stromatoporoids）加入這行列，這種生物似乎與海綿有親緣關係，從奧陶紀（Ordovician）開始就占有主導地位，不過在進入到石炭紀（Carboniferous）便開始衰退——這段地質時代大約是在三億五千萬到三億年前，在此期間，植被繁茂起來，其殘骸最終變成了今天豐富的煤礦層。

然後有兩大群的珊瑚開始形成珊瑚礁，不過牠們並不是今天珊瑚的祖先。第一群是幾乎完全群居的橫板珊瑚（tabulate corals），另一群則是群居和獨居形式兼有的四射珊瑚（rugose corals）。這兩大群一直持續到二疊紀（Permian）

末期（大約二億五千萬年前），在這段漫長的時間裡，牠們建造出一些廣大的珊瑚礁。所有這一切都在二疊紀—三疊紀大滅絕事件（Permo-Triassic extinction event）中結束。這次的大滅絕對世界生命產生重大衝擊，導致大約九成以上的海洋物種滅絕。正如美國古生物學家勞普（Raup）在一九九八年所言：「如果這些估計有相當的準確度，那麼全球生物（至少對高等生物來說）那時與徹底毀滅的命運近在咫尺。」即使是今天數量豐富的海綿也曾瀕臨滅絕。科學家提出了幾個造成那次大滅絕的原因，不過最有可能的是氣候發生變化，這值得今天的我們借鏡。

目前主要的造礁動物是石珊瑚（scleractinian corals），牠們大約是在二億四千萬年前成為優勢物種。牠們屬於刺胞動物門（Cnidarians），但究竟是由哪類物種演化而來的還有待釐清；有可能起源於類似海葵的親屬，或者可能是海葵的祖先；不同的珊瑚群或科可能有不同的起源。在二疊紀—三疊紀大滅絕很久後，珊瑚才出現在化石紀錄中，但這塊地質區間已經有過很好的研究。後面將會詳加描述珊瑚的生物特性，不過這裡可以先透露一點，珊瑚之所以成為成功造礁者，是因為牠們會與共生藻（zooxanthellae，蟲黃藻）這種單細胞藻類共生，因此到三疊紀（Triassic）中期，這兩者形成了堅固的石灰岩結構。這種共生關係是珊瑚礁生態系統的一個重要面向。

接下來的大滅絕發生在白堊紀（Cretaceous）末期，俗稱「恐龍大滅絕」，造成當時的恐龍滅絕，以及大約七成的珊瑚死亡，而且在接下來很長一段時間，造礁受到嚴重抑制，但隨後珊瑚礁又恢復了生機。

石灰岩沉積一直是所有這些珊瑚礁形成群體的特徵。在這個過程中，既可以創造基質，又能夠大幅改變周邊環境。石灰岩的沉積需要能量，還要搭配其他條件，諸如二氧化碳—碳酸鈣的平衡、溫度、酸度和其他物理因素。也就是說，需要在相當嚴格的環境參數下，這些結構才會生長。自珊瑚誕生之初，地球上的大氣和海洋條件就不斷變動，而且變化很大，但珊瑚在這段時間裡一直在繁衍生息，形成了今日珊瑚礁的前身。

這段歷史很重要。當今的生態——基本上就是珊瑚礁的運作方式——是這一悠久傳承的產物。在這段時期，氣候波動很大，海平面發生了變化，地球的溫度也有所變化。今天在健康珊瑚礁上看到的豐富生命是這段悠久遺產的結果。

珊瑚島——冰山一角

珊瑚島向來是珊瑚礁中的重要組成部分，也是長期以來的研究目標。它們通常是最先被看到的珊瑚礁部分，由珊瑚礁形成，並位於珊瑚礁之上。珊瑚島如今是上百萬人的家園，島嶼的形式各有不同，但就結構而言，實際上只有幾種不同類型，許多島嶼都是這幾種類型的組合。最簡單的是單純的珊瑚礁島（coral cay）。這些島嶼的面積各異，有的只不過是沙洲，有的則是覆蓋有豐富植被的大型島嶼。海中的沙子其實就是珊瑚和珊瑚礁基質遭到分解和侵蝕後產生的，可能會在波浪的作用下被推到珊瑚礁頂部，繼續在那裡形成礁體。如果沉積了足夠的沙子，可能會有鳥類前來築巢。鳥兒會留下鳥糞，這又能滋養風和鳥帶來的種子；讓植物在這裡生根，而這又吸引來更多鳥類，留下更多的鳥糞。隨著越來越多的沙子被送到這個現在乾燥的平台上，植物的根系也穩定下來了，就可避免在暴風雨來時沙子立即遭到沖走的命運。長久下來，一個珊瑚礁就此誕生了。然後，在微生物和各種化學反應的幫助下，沙粒黏合在一起，逐漸形成堅硬的岩石。我們對這整個島嶼形成過程的細節仍然所知甚少，不過最後的結果就是一座小島（圖3）。

在珊瑚島的形成狀態中，有時也會有高出海平面數公尺的懸崖，這是一個更為複雜的變異型態。這些島嶼的核心是堅固的石灰岩塊，是由更古老的珊瑚礁或石灰岩沙丘組成，形成的時間是在上一次冰河時代之前或期間，當時的海平面遠高於目前。在冰河覆蓋範圍最大的時候，這些岩塊比現在的海平面高出好幾十公尺，今天在某些地方確實可以看到高高的石灰岩堆從海中突出。在大約一萬八千年前，海平面開始逐漸上升，再加上雨水對石灰岩的侵蝕，使得原本高聳的岩塊

圖 3　印度洋中央的三座小島。三者皆有一個 8,000 年歷史的舊石灰岩核心，較大的兩座覆蓋著晚近沉積的沙子和碎石。位於照片前方的那座島還有一大片複雜的礁台，最遠的那座島周圍的礁台很少。請注意相片最前方這座島嶼右下角的破碎痕跡，這表示海平面上升以及珊瑚礁的死亡正在侵蝕這片土地。（© *Chris Davies*）

僅高出海面幾公尺或一、二十公尺。這些島嶼的核心可能是固結的石灰岩碎石和岩石的混合物，在邊緣處可能有會不斷變化的沙地，但從島嶼的海拔高度和堅固的核心來看，這些島嶼的中心顯然來自更古老的石灰岩。碳定年分析顯示其年代可能介於六千到幾十萬年之間。加勒比海的許多島嶼都屬於這種類型。

再來是所謂的「高島」（high islands），這些基本上是珊瑚礁環繞的火山島或玄武岩島。太平洋和印度洋的許多島嶼以及加勒比海的大多數島嶼都屬於這種類型——大多數是古老的火山，有的甚至到目前都還是處於活躍狀態，或是其他可能仍沉在海中的陸地形態。若是那裡的降雨量高，這些島嶼的內部可能是鬱鬱蔥蔥的植被，但若是該地區盛行的風沒有攜帶多少水分，也可能是一片貧瘠。在許多國家或地區可以看到形形色色的珊瑚島，通常一眼望去，就能盡收眼底。某些島嶼的珊瑚或礁石成分可能較其他岩石來得少。

總之，最後就是在熱帶世界的各處形成了無數的珊瑚島。有許多國家的領土完全就是建立在珊瑚礁島嶼上，想到聯合國大會上有許多國家的存在完全是拜珊瑚和造礁過程之賜，不免讓人肅然起敬。稍後我們將會談到，這些島嶼國家中有不少都陷入了困境，因為它們的國土僅略高於海平面，並且依賴珊瑚礁的生命過程。這些國家因此變得非常脆弱。無論是就雨量還是降雨頻率而言，雨水在這些島嶼上是一種巨大的力量，會塑造其結構。在那些雨水很少的海洋區域，珊瑚島可能無法支持多少生命，人類也可能無法成功地定居下來，或是有所發展。畢竟珊瑚礁的基質多孔，淡水可能不會在土壤中停留很長時間。在其他多雨的地方，每年的強降雨可能持續數月，大量淡水滲入島上的土壤和多孔岩石，在地表下形成略高於海平面的透鏡體，正是這個地下水位阻止了海水進入海灣，並支撐著島嶼上的植被。在雨水充沛的地方，島上的生命就會茁壯成長，通常是那些對鹽分具有一定耐受度的物種。而在這種地方，不可避免地會有人類社群的發展。如今，當中有許多已成為吸引遊客的觀光勝地。在一些珊瑚島國，珊瑚礁旅遊業的收益可達到國家收入的四成至八成。

今日的珊瑚礁危機

但我們正在改變這些珊瑚礁周圍的環境，而這也正在產生嚴重的後果。照目前海洋溫度和酸度的變化來看，若是按現在的變化速度推算，今日的珊瑚礁形成速度恐怕無法持續太久。越來越多科學家發出日益緊迫的警告，整個珊瑚礁好比是「煤礦坑中的金絲雀」，也就是危機出現前的預兆，會是生態系中最先遭受過度開發和濫用的部分。

自從引進潛水設備以來，研究者得以直接觀察海面下幾公尺深的珊瑚礁，現代珊瑚礁研究到目前為止已經積累了六十多年，讓我們能夠進一步認識這些不可思議的生態系統。在這段期間，有數千名珊瑚礁研究人員投入，增長了我們對這些結構運作的認識。雖然這數量看起來很多，但實際上這不過是一次醫學或商業大會上與會者的數量。若是考量到目前世界上有數億人的食物、土地或收入都依賴珊瑚礁時，這個數字實在不算什麼。不幸的是，就目前的趨勢來看，這項生物研究可能也將無以為繼。在這段時間，海洋科學家經常觀察到珊瑚礁剝蝕，在所有大洋都出現這類問題，特別是那些在人口密集和使用率高的地區，他們對此憂心忡忡，也提出關於珊瑚礁剝蝕各個層面的警告。

如今，在科學進入開花結果的「現代」時期後不久，珊瑚礁卻正逐步走向消亡。目前全球有超過四分之一的珊瑚礁已經死亡，另外一半已經剝蝕。然而，儘管科學家提出的警語日益加重，那些當權者卻依舊視若無睹。以加勒比海為例，在一九七〇年代，幾乎所有珊瑚礁最淺的三公尺深處，都覆蓋著世界上最大的珊瑚物種：麋鹿角珊瑚（*Acropora palmata*，又稱 elkhorn coral）。在退潮時，船隻根本無法穿越那片礁石區，因為那裡宛如茂密的森林，珊瑚的分枝可以長到一個人那麼高，壯觀無比，每本潛水雜誌都不會錯過刊登它們照片的機會。然而，到了一九八〇年代，那片海域爆發了一種叫做白帶病（White Band disease）的疾病，幾乎殺死了該區所有的珊瑚，這種疾病與人類排放的汙水有關。這些巨大的珊瑚骨架崩毀，到了一九九〇年代，這片美麗的海洋有大半變成了荒原。曾經的立體珊瑚礁結構失去了生命，無法再破浪以保護海岸線。高密度的麋鹿角珊瑚不復存在，加勒比海珊瑚礁生態系中，整個淺水區的部分基本上已經消失。在世界其他地方也上演著同樣的戲碼：我曾在珊瑚豐富的亞喀巴灣（Gulf of Aqaba）觀察到無數的「桌形珊瑚」（table corals），牠們也是軸孔珊瑚屬（*Acropora*），但是在二十年後再回去造訪約旦時，當地人帶我去看當時被認為在約旦剩下的最後一株桌形珊瑚，那時的我還是感到榮幸和感動。同樣地，在波斯灣，一些學生帶我去看曾在一九六〇年代首度證明珊瑚礁可以生活在鹹海中的地方，但我們在海中潛水兩個小時，卻沒有看到任何珊瑚礁還活著。

好不容易才進入珊瑚的大發現時代，何以在不久後珊瑚礁就大量死亡呢？稍後會再詳加解釋，在此先簡單說明，珊瑚礁的消亡主要是來自兩大衝擊。其一是「地方因素」，這包括汙水和工業汙染，以及海岸線的疏浚工程、建築和過度捕撈。另一個則是「全球因素」，這全都與大氣中二氧化碳含量的增加有關，進而導致溫度升高和海水鹼性降低（酸化）。

對於那些曾在珊瑚礁生態系剝蝕前親眼見過這些珊瑚礁的人，或是那些有幸還能看到一些算是處於良好狀態的珊瑚礁的人來說，在人生中親眼目睹這樣的衰退，算是親眼見證了一場科學奇觀，而這件事本身也散發著令人震驚的危機感。珊瑚礁向我們發出了一個重要的警告，我們卻一直忽視這個支持人類健康和福祉的生態系統，這個生態系統為許多人帶來了歡樂、食物和價值。它們為我們提供了一面鏡子，或者也是整體人類的縮影。

第三章

珊瑚礁的建築師

第一次看到珊瑚礁的潛水員可能會有種目不暇給的感受。數以百計的珊瑚物種和上千種色彩斑斕的魚類以及形形色色的其他物種，一切都讓人眼花撩亂。魚類在其中充滿活力，牠們以底棲生物為食，也會相互捕食（圖4）。在海洋更深處，每當上方有海浪掠過，幾乎與潛水員一樣高的海扇便會彎曲，珊瑚礁生物發出的各種劈啪聲響充斥在海中。

當然，這個萬花筒般的世界自有其結構，在不同規模上發揮不同的作用。有世界各處皆有的模式，也有在單個珊瑚礁內展現的模式（大多數珊瑚礁之間有許多相似處和一致性），還有存在於潛水員隨時可以看到的小區域內的模式。

全球模式

珊瑚礁是熱帶生態系統。雖然所有珊瑚礁中的生物多樣性都非常豐富，但不

圖 4　禁魚後的海洋保護區，在其礁石斜坡上一片生機蓬勃。上圖：魚類經常成為主角。下圖：深水中一片高大的海扇。
（攝影：Anne Sheppard and Charles Sheppard）

同海域的珊瑚所滋養的物種大不相同，其生物多樣性間存在著巨大的差異。在東南亞，生物多樣性特別高，而在加勒比海和東太平洋等地區，多樣性相對較低（圖5）。然而，就重要性而言，這兩個區域的珊瑚礁與多樣性較高的珊瑚礁不無二致，因為多樣性高不見得就表示珊瑚礁具有良好或堅固的結構。事實上，在一些多樣性高的地區，珊瑚可能根本無法形成生物礁；珊瑚通常會生長在岩石上，一般是火成岩，

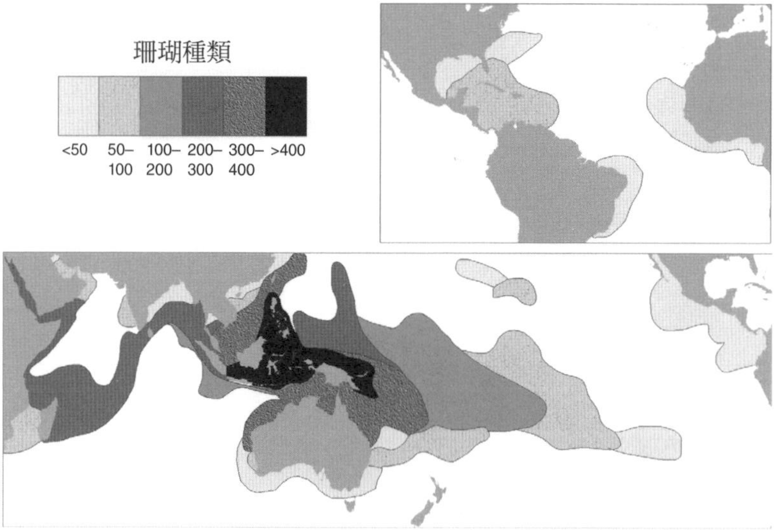

圖 5　造礁珊瑚的分布圖及其多樣性地圖。黑色的「珊瑚三角」位於東南亞地區。

在死後很容易就從岩石上脫落，不會形成任何石灰岩，但相關的海床和魚類動物群將會成為珊瑚礁的一部分。

研究人員早就注意到東南亞的高度多樣性，而且在離開這個區域後，珊瑚物種的多樣性便展現出逐步下降的趨勢，但至今仍沒有對此現象的完善解釋。不論是向東還是向西，多樣性都普遍呈現遞減的態勢，而且大多數分類群的多樣性也會沿著緯度展現出顯著的下降梯度：最接近赤道的地方最高，然後越是往冷水域前進，多樣性就越低。這一點在大堡礁看得非常清楚，越往南移，珊瑚多樣性越是下降，從北部和中部地區的三百多種物種減少到南部地區的兩百四十四種，到了南緯三十二度的豪勳爵島（Lord Howe Island）只剩下八十七種。類似的情況也出現在加勒比海地區，那裡可以找到五十多種珊瑚，但到了北緯三十二度的百慕達，珊瑚礁分布的最北端，就只剩下二十一種珊瑚。然而值得注意的是，珊瑚礁的活力和生產力似乎與其多樣性沒有太大的關係。

在這種全球模式中還有區域環境特徵產生的地方模式。有些海域可能特別豐富，例如紅海，那裡似乎有來自印度洋的珊瑚幼體，同時又擁有許多特有物種。在其他地區，珊瑚物種可能一些因素而難以生長，諸如隨河流而來的排放物或洋流系統造成溶解的養分增加。鹽度和極端溫度也會限制珊瑚的生長，另外就是地理位置，一區域是否遠離珊瑚幼體豐富的區域以及盛行水流的位置。多樣性最低的珊瑚礁是在巴西海域，由於亞馬遜河（Amazon river）和奧里諾科河（Orinoco river）在那裡形成一堵巨大的淡水屏障，將這一區與加勒比海隔絕起來，因此當地的珊瑚礁區僅有十九種珊瑚；巴西近一半的珊瑚是當地的特有種。在熱帶西非的海域中也有一些珊瑚生長，但由於那裡的水域渾濁，這些珊瑚無法形成珊瑚礁。

珊瑚動物——主要的建築師

珊瑚通常是珊瑚礁上的主要生物群。牠們是動物，大多行群聚生活，但也有一些獨居的種類。所有的珊瑚都會鋪設出碳酸鈣材質的骨骼。每個物種或群聚的比例取決於一區的水質、暴露程度和深度等因素。

世界上的珊瑚礁生態系並不是單一的同質系統，內部也各有特色。就好比是陸地上的森林：有松樹林、橡樹林、山毛櫸樹林……每一座森林都有不同的優勢物種和獨特結構；有些實際上是單一植株（例如一座松樹林），有些則具有較高的多樣性（例如熱帶雨林）。珊瑚礁也是如此，是由不同物種組合而成的多種類型，每種可能都會隨主要的建築形式而展現出明顯差異。在印度洋－太平洋地區，軸孔珊瑚屬（*Acropora*）的分枝形式在許多地區占主導地位，在深海區則是由幾個葉片形珊瑚屬占主導地位，而在中層深度則是由綿延幾公尺寬的濱珊瑚屬（*Porites*）形成的巨石般的礁體所主導。另外，有些珊瑚屬，例如表孔珊瑚屬（*Montipora*），當中包含許多相對不顯眼的物種，但對於造礁十分重要，其成員占據廣泛棲地。而且，就像森林一樣，珊瑚間也會演替，一種主要形式可能會逐漸為另一種所取代。然而，今日我們仍以「珊瑚礁」來總括這一切，這用語有所侷限，難免掩蓋到當今世界正發生的一些重要變化。不過，珊瑚礁儘管類型繁多，但也像森林一樣，具有許多共同的特徵。

珊瑚生物學和生長

珊瑚屬於珊瑚綱（Anthozoa），其學名源自希臘文中的「花」和「動物」，是在描述一個個珊瑚蟲（polyp）的外觀。每個珊瑚群體都是由許多小珊瑚蟲組成，如圖6的橫切面所示。每個珊瑚蟲都長著一至六隻（或六的倍數）觸手（tentacle），觸手會組成環狀，圍繞在通向主體腔的嘴旁。牠們的身體基本上只是一個包含在雙層體壁中的囊，具有雙層體壁代表牠們是雙胚層（diploblastic）動物——大多數複雜的多細胞動物是三胚層（triploblastic）。這些細胞層是由中膠層（mesoglea）這種非細胞的凝膠狀組織隔開。不同體層各自含有些精細的裝置。屬於外層或稱外胚層（ectoderm）的觸手中有刺細胞

（cnidocytes），正是這個特徵定義了這整門動物：刺胞動物門（Cnidaria）。這些刺細胞是用來捕捉食物的。

在最內層的胃胚層（gastroderm），又稱內胚層（endoderm），有上百萬個會行光合作用的藻類細胞，這是珊瑚的共生藻，又稱為蟲黃藻（圖7的上圖）。在珊瑚蟲的主體內，這層細胞還會產生所有的消化和生殖結構。觸手和碰觸到其他珊瑚蟲組織的外層會分泌黏液，這當中充滿了與珊瑚共生的複雜微生物。這群微生物對珊瑚這樣的動物來說非常重要，因此珊瑚以及與其相關的微生物群體通常又稱為珊瑚共生體（coral holobiont）。

在珊瑚蟲底部的外胚層則沒有刺胞，而是含有使碳酸鈣沉積成霰石（aragonite，又稱文石）的結構，這是建造礁體結構所需的材料（圖7，下圖）。這些結構將酸性有機基質分泌到珊瑚蟲和現有骨骼間的微小空間中。這種混合物形成了一種「支架」。基質中的蛋白質會與溶解在海水中的鈣結合。接著，海水中的碳酸鹽離子會受到鈣離子的吸引，結合形成霰石晶體。小於微米等

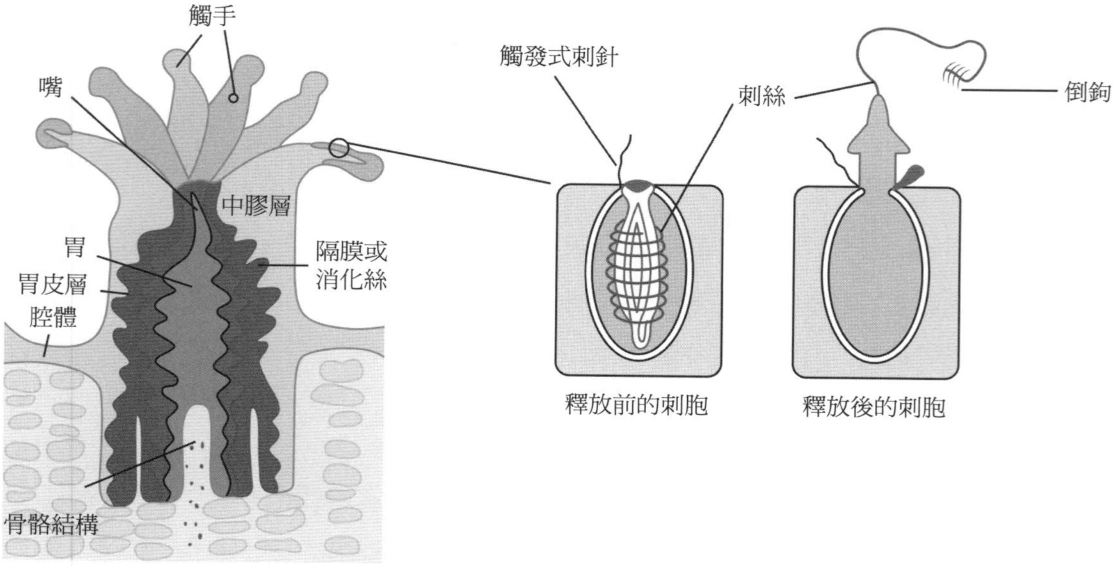

圖 6　珊瑚蟲示意圖。牠的嘴邊環繞著六隻觸手（或六的倍數）組成的冠狀構造。觸手的體壁（右側插圖）中有一新的刺胞（nematocyst）。每個刺絲囊都有一個會被觸發的刺針，在受到觸動後，就會釋放出倒刺。

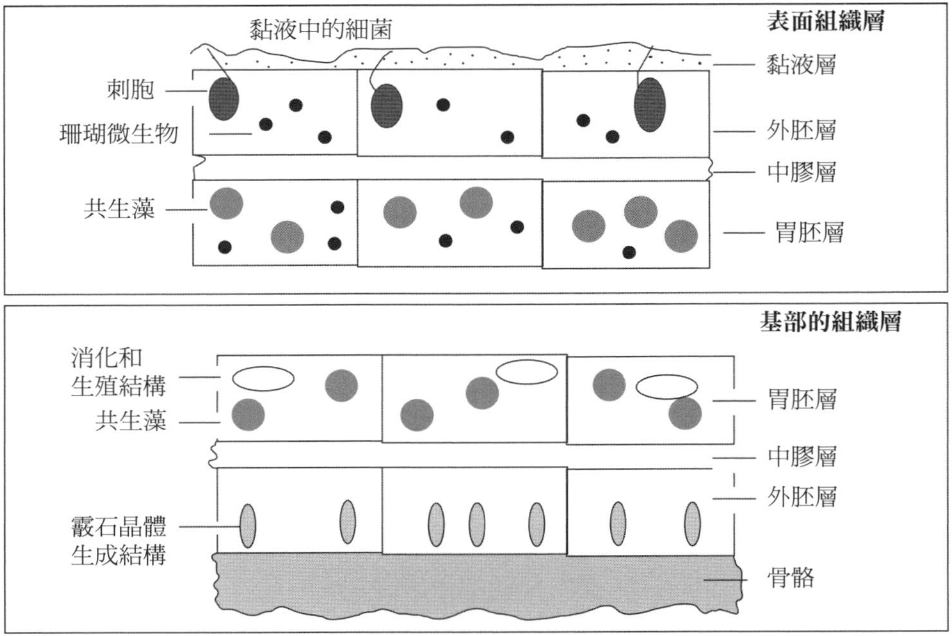

圖 7　珊瑚蟲體壁的組成。上圖：觸手的組織壁和連接其他珊瑚蟲的組織壁。黏液層含有大量微生物，這些是珊瑚共生體的成員。胃胚層中有數百萬的共生藻生活著。珊瑚共生體中還有其他細菌分散四處。下圖：珊瑚蟲基部的組織層。外胚層沒有刺胞，但當中的胞器會分泌一種導致霰石晶體沉積的蛋白質。

級的霰石纖維會在這個有機基質中生長，這些纖維會結合起來，聚集成形狀明確的更大單位。每個珊瑚物種都有其特定的細胞模式，以分泌最初的有機基質，而由此產生的碳酸鈣沉積樣式會對應細胞的排列樣式。

中膠層將這兩層分開。雖然大部分是非細胞，而且主要成分是水，但這當中含有肌肉纖維和神經束，負責維持或恢復珊瑚蟲的形狀。它當中還有「遊蕩的變形細胞」（wandering amoebocyte），這些細胞會吞噬（phagocytosing）碎屑殘骸和細菌，是珊瑚免疫系統中很重要的一員。

所以，一般來說一隻珊瑚蟲會分泌出一個杯狀的碳酸鈣構造，並占據在這個珊瑚石中，即珊瑚單體（corallite），然後向上和向外生長。肉質的珊瑚蟲和觸手通常只有在夜間會伸出來，在白天則會縮回到珊瑚石中，但與任何生物一樣，也是有例外的。

一些珊瑚種類的珊瑚蟲過著獨立的個體生活，但在大多數物種中，珊瑚蟲每隔一段時間會分裂出兩個或更多的子代，這些珊瑚蟲會繼續向上生長，直到牠們也開始分裂。關於這點，也有一些物種間的變異。在許多種類中，每隻珊瑚蟲都還是會透過薄組織與相鄰的珊瑚蟲相連接，而其間的薄組織也會在最底部沉積碳酸鈣（圖8，左上）。若是在這種情況中，珊瑚蟲之間的碳酸鈣會隨著珊瑚蟲繼續向上生長。在許多情況下，當珊瑚蟲分裂時，牠們會斷裂，形成沒有連接組織的分離珊瑚蟲（圖8，右下）。另外還有一些情況是形成矮小的珊瑚蟲群體，從某種意義上說，牠們是兩種類型的混合物（圖8，右上），或者珊瑚蟲保持連接並形成長長的蜿蜒鏈。牠們通常還是會與相鄰的短鏈相連（圖8，左下），因此得名「腦珊瑚」（brain corals）。

這些變化導致了各式各樣不同的珊瑚群聚形式，如圓頂形、分枝形、桌形、柱形和葉片形等。珊瑚蟲的子代從母體分開的方式很重要，有的是從觸手環內，有的是從母體的體柄下方，這會進一步導致增長群聚產生的不同形狀。在那些珊瑚蟲間組織有繼續相連的物種中，只要碰觸一側，就會導致整片珊瑚的觸手收

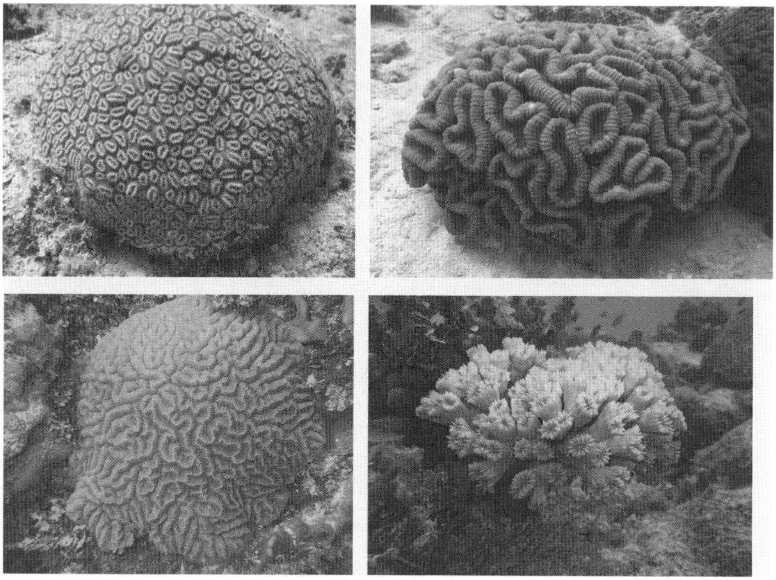

圖 8　珊瑚蟲的幾種外形。左上：珊瑚蟲在杯中，由活組織相連，此為加勒比海的橢圓星珊瑚（Dichocoenia）。左下：還在進行出芽分裂的珊瑚蟲，其中一系列相連的珊瑚蟲沿著每個凹陷延伸，此為加勒比海的紋型珊瑚（Meandrina）。右上：這也是以珊瑚蟲相連接形成的鏈狀構造，不過每個短鏈都與相鄰的鏈條分離，此為印度太平洋的瓣葉珊瑚（Lobophyllia）。右下：珊瑚蟲基本上與所有其他珊瑚蟲都是分離的，一些珊瑚杯會進行出芽分裂，此為加勒比海的花珊瑚（Eusmilia）。（攝影：Anne Sheppard and Charles Sheppard）

縮，這代表神經網路蔓延在珊瑚蟲之間。而其他珊瑚物種，這種神經連接會隨著群聚的生長而消失。

這些結構上的變異可用來區分物種。不過這種區分法有一個問題，因為同一物種的群聚形狀，可能會因為環境中的水和光照條件而產生很大的差異。只需要一點細微的變化——例如珊瑚蟲裂縫間的生長量——在多次重複後，就會導致明顯不同的群聚形狀。

就造礁而言，關鍵特徵是珊瑚組織所沉積下來的碳酸鈣。珊瑚藉此打造自己固定的基質，而正是這個過程最終創造了珊瑚礁。

珊瑚繁殖和幼體

珊瑚的出芽分裂是一種無性生殖；在一群聚中，所有珊瑚蟲都是基因相同的複製品。有許多種珊瑚使用無性生殖來分散牠們的群聚，這在分枝形物種中很常見，牠們會在波浪的衝擊下分裂成碎片。這可能是某些物種繁殖群聚的主要方法，透過這種方式，潟湖區域可能被數千平方公尺的鹿角軸孔珊瑚（staghorn coral，學名 *Acropora cervicornis*）覆蓋。此外還會發生其他變異，潟湖地區的一個重要變異是具有長型珊瑚蟲的斯氏角孔珊瑚（*Goniopora stokesi*）會形成「珊瑚蟲球」（polyp balls），這些是呈現骨骼狀的小球體，也許有十幾個珊瑚口杯，當中包含有完全發育的珊瑚蟲；牠們的整個發育過程都是在母體珊瑚蟲體內進行。在達到一定尺寸時，就會脫離母體，以滾動的方式離開這個群聚，這是一種成功的繁殖方式，可以讓珊瑚礁在沙地區域有效地往橫向擴展。

與所有生命形式一樣，珊瑚也會行有性生殖，牠們當中約有四分之一的物種是雌雄同體的（同時長有雄性和雌性珊瑚蟲），但大多數有不同的性別。例如蕈珊瑚科（*Fungia*）中的梳蕈珊瑚屬（*Ctenactis*）和圓蕈珊瑚屬（*Cycloseris*），這些獨立的蕈珊瑚科成員會隨著年齡增長而改變性別，大多數情況是雄性變為雌性，而棘狀梳葦珊瑚（*Ctenactis echinata*）則可能再轉變回原來的性別。大多數物種是將精子和卵子散播到水中來受精。在某些海域，尤其是在大堡礁，有許多物種甚至是在同一個夜晚的同一時間排放，這種生殖模式與季節和滿月有關，會釋放出大量的精子和卵子，在水面上形成一片厚厚的配子和受精卵。有時，要是風向或水流方向不利，會將這些大量漂流在海面的產物沖上海灘。據推測演化出這種同步產卵行為是為了抗衡掠食者——以量取勝，增加受精卵的安全性。

受精卵好比浮游生物，可以在水柱中漂浮數天或數週。浮浪幼體（planulae）呈橢圓形，可以游動一定的距離，不過主要還是靠水流來傳播和分散。牠們會對環境中的化學物質和光做出反應——也就是具備有趨化性（chemotaxis）和趨光性（phototaxis）。這表示牠們在有限的範圍內可以選擇沉降和附著的位置。趨化性可能會將牠們吸引到那些富有有利化學物質的地方，例如富有所屬物種排泄物之處，這表示這個地點可能適合牠們這個種類的生存。浮浪幼體也可能會利用趨化性來避免沉降和附著到化學成分可能不利的區域，例如去到一個可能被捕食的不同物種的頂部。同樣地，趨光性會帶給浮浪幼體準備好定居的能力，確定在一處珊瑚礁區域的光量是否有利於牠們的生存。這需要能夠在一定範圍內控制垂直運動的能力，這項特性或許能讓浮浪幼體在尋找合適的落腳處時保持一段相對較長的漂移時間。

某些物種採用的有性生殖的方式僅有精子會釋放出來，卵子則是保留在母體內，受精也是發生在體內，等到浮浪幼體發育得更完整時，才會釋放出來。這些浮浪幼體在釋放出來時，有許多幾乎立即沉降下來，因此往往生長在相對靠近牠們親代的地方。

珊瑚共生

珊瑚礁的一個顯著特徵，也是牠們演化成功的關鍵，是牠們與在珊瑚組織中生長的共生藻形成的共生關係（見圖7）。這些藻類肉眼可見，而且數量甚多，讓整個礁石散發出綠褐色。這種藻類屬於雙鞭毛蟲門（dinoflagellates）——微觀等級的細胞嵌入珊瑚組織和許多淺層軟珊瑚組織中。就某方面來說，當你看著一片珊瑚時，好比是在看一片圈養的單細胞藻類。在健康的珊瑚礁上，我們不會看到大量植物，但光合作用也是這個生態系統的基礎。

這種共生關係可能與珊瑚造礁的過程一樣古老，也是珊瑚在熱帶海洋動物群中如此成功、具有優勢地位的原因。這層關係可以大幅提升能量傳輸效率，從太陽直接到造礁珊瑚身上。珊瑚受益於藻類光合作用的產物，藻類細胞利用珊瑚組織呼吸作用排放的二氧化碳，透過光合作用來產生氧氣和碳水化合物，而這些又可再度為珊瑚所用，這顯然是個非常高效率的圈養循環過程。這些藻類的密度可以在每平方公分的珊瑚組織中高達數百萬個細胞，密度可能會隨著時間而有所波動，因應季節性的變數，如輻射和溫度等。雖然它們屬於雙鞭毛蟲門，但在宿主體內時，這些藻類並沒有長出鞭毛。最初的研究人員還以為這是另外一個物種，相關研究顯示共生藻具有相當高的遺傳多樣性，稍後將會提到，而且近來由於氣候變遷造成的變動影響到珊瑚周圍的環境，這些共生藻的研究變得越來越重要。

共生藻在碳酸鈣沉積過程中扮演很關鍵的角色，會為珊瑚提供能量，讓牠們分泌用於製造有機支架的碳酸鈣。位於深海黑暗環境中的珊瑚，由於缺乏共生藻，因此比牠們能行光合作用的表親生長得更慢。在陽光照射到的區域，最終會有大量碳酸鈣沉積——構成了珊瑚礁。

珊瑚礁在繁殖下一代時，幼體獲得共生藻類的速度越快越好，這對牠們非常重要。當珊瑚蟲進行無性分裂，或是斷片分裂時，子代的體內已有親代組織中傳過去的共生藻。但是當進行有性生殖時，就只能從親代的卵中取得，或是稍後獲取在水中自由生活的藻類細胞。令人驚訝的是，透過卵來傳播共生藻似乎很困難，從水中攝取則較為常見。目前我們對這個過程所知仍不多。共生藻會偵測潛在宿主所分泌的化學物質，協助這項吸收過程；在處於自由生活階段時，這些藻類會向珊瑚的排泄物游去。珊瑚接觸到藻類時，必須將其吸收進來，而不是加以消化。一旦在體內建立起共生藻族群，作為宿主的珊瑚就會積極管理這份共生關係的穩定性，可以根據需求來促進或減緩藻類的分裂和生長，而且每個珊瑚蟲都可以消化或排出體內多餘的藻類。

由此看來，這層珊瑚與共生藻的關係非常關鍵，但也深深受到環境壓力的影響。在環境困難的時候，珊瑚會排出內部的藻類細胞，由於珊瑚自身的組織相對透明，這時就會看見內部的白色碳酸鈣，彷彿是被漂白過。若是這種白化的情況不太嚴重，珊瑚還有可能恢復，但在極端壓力下，可能就無法復原，整個珊瑚很快就會死亡。引發這種壓力的因素很多，諸如極端溫度、高光度或低光度、紫外線輻射、各種微生物汙染以及工業汙染物。多年來，因為海水溫度升高而造成的珊瑚白化變得極其嚴重。

除此之外，珊瑚與微生物還有其他重要的關聯。在珊瑚礁上，微生物生活在珊瑚分泌的黏液層中，大多是細菌和古菌（archaea）——古菌與細菌相似，但在生化層面上是不同的有機體——以及真菌、原生生物（protist）和其他微生物，現在認為這整個微生物群聚非常重要。這些微生物的數量遠超過共生藻的數量：每平方公分的珊瑚及其表面黏液中有一億個細菌存活。這當中有些細菌種類對於珊瑚本身也非常重要，會參與氮循環、固氮或處理動物組織排泄的銨（一種有毒的氮化合物），化解其毒性。還有些微生物會處理磷酸鹽和硫化物，整組微生物群聚擔負著珊瑚的營養和礦物質循環的功能，甚至還會幫珊瑚進行體內的廢棄物處理，這一點也對珊瑚的健康至關重要。然而，與共生藻一樣，這群微生物有時也可能遇到可怕的事，例如當汙水或農業廢水中過量的氮進入附近水域中。這時微生物群聚中的某些成員會迅速繁殖。若發生這種情況，微型探針會偵測到黏液處的含氧量急劇下降，而在珊瑚組織附近的氧氣則變得很少或完全無氧。這時珊瑚組織便會窒息，或者，就算身為宿主的珊瑚沒有被殺死，也比較容易感染疾病。

最近發現了另一種含量豐富的微生物：「珊瑚複合體」（corallicolids），這是從光合細胞演化而來，但後來失去了光合作用的能力，主要是寄生在珊瑚胃腔的組織中。儘管為數甚多，但目前尚不清楚其功能。宿主珊瑚及其微生物所形成的整個複合體稱之為珊瑚共生體（coral holobiont）。

珊瑚的食物——浮游動物

光合作用提供了珊瑚大半的能量需求，但牠們也是肉食性動物。大多數的珊瑚物種通常只有在夜間才會伸展出觸手。觸手是用來覓食的，整個設計就是為了達到這項功能。刺胞好比帶刺的飛鏢，用來捕捉浮游動物（見圖6）。刺胞有幾種不同的形式，有些主要負責刺入和注射毒素，而另一些則像「鉤子」一樣，會抓住獵物，然後珊瑚蟲會將殺死的獵物吸入位於體腔中央的口內。獵捕浮游動物的一項主要好處是攝取額外的養分，這對珊瑚的生理需求很重要。潛水員在晚上可以觀察到珊瑚以驚人的速度在捕捉浮游動物：如果在珊瑚旁邊放一個手電筒，被光吸引的浮游動物可能會碰到觸手，這時便立即無法動彈，然後就被吸入珊瑚嘴裡。有些珊瑚可以感應到浮游動物殘留在水中的胺基酸，以此來判定其存在，而刺胞則是會因為有外物碰到其觸發器而被激發。

那些體內沒有共生藻的珊瑚也有其優勢，可以生長在光不可及的深海，也可以在寒冷的水域中生長，甚至進入極地海域。不過，牠們的生長過程較為緩慢。這類型的珊瑚通常在熱帶珊瑚礁中所占的比例較低，牠們通常在陽光充足的地區難以勝出，但在黑暗的水層很常見，例如在那些深而陡峭的斜坡上、懸垂下方以及光線昏暗的洞穴中。牠們多半是獨立的小個體，但也有些物種可形成密集的大型群聚。儘管這些珊瑚完全是靠捕捉浮游動物來獲取營養，不過淺棲型的種類通常還是會像牠們有共生藻的表親那樣，在白天時縮回觸手，這可能是為了避免遭到魚類啃食，也是因為大多數浮游生物只在晚上出現。無共生藻的珊瑚就跟有共生藻的珊瑚種類一樣多，儘管在熱帶珊瑚礁中只是次要的組成，但通常很有趣。

珊瑚戰爭

在正常條件下，絕大多數的珊瑚會與不同種類的珊瑚以及其他生物競爭，彼此搶奪珊瑚礁上的空間。雖然這一切看起來顯得靜態許多，不像在魚類間，可以輕易觀察到攻擊、進食和躲避等種種動作，在珊瑚和軟珊瑚這邊，激烈的競爭比較難以察覺。不過這也只是受限於人類本身的時間感知。珊瑚也會使用幾種不同的機制來爭奪空間，增加自身的生存競爭優勢。珊瑚大多數都是在夜間活動。你可以觀察幾個跡象來一窺端倪，有許多、甚至可以說絕大多數珊瑚的周圍會有明顯的空白痕跡，這也稱為死亡「光環」。在桌形珊瑚上比較容易觀察到變形或孔洞，這是由其下方或側面那些比較不顯眼的腦珊瑚所造成的，是為了阻止桌形珊瑚在牠們的上方生長（圖9，下圖）。在軟珊瑚上，也經常可在周圍看到幾條窄長的空白痕跡，這是牠們分泌的毒素所造成的。這些動物既能防止其他物種過度生長，又能在周圍創造出可供牠們擴張的空地。

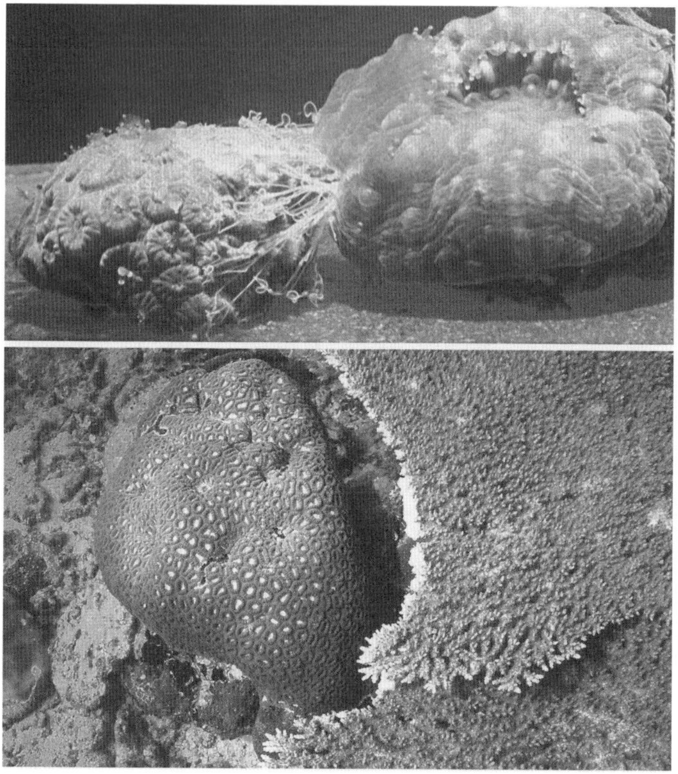

圖 9　珊瑚間的競爭。上圖：一隻瓣葉珊瑚（Lobophyllia）的珊瑚蟲（右）將其具有消化能力的隔膜絲伸到相鄰的蜂巢珊瑚科（faviid）群聚上。到了早上，左邊大部分的珊瑚將會剩下光禿禿的骨架。下圖：環菊珊瑚（Favia）的掃把觸手阻止了兩種不同種類的軸孔珊瑚屬中的桌形珊瑚過度生長。環菊珊瑚的正常觸手不到一公分，但在夜間展開的掃把觸手，長度是一般觸手的十到二十倍。（攝影：Anne Sheppard and Charles Sheppard）

這種空間競爭有的僅需要一天，但更常見的是兩到三週的時間，具體的時間取決於珊瑚採用的機制。優勢物種採用最為快速的一種機制是將消化性的隔膜絲（mesenterial filaments）滲出到鄰居身上。這是一種短距離但非常快速的機制，如果將兩隻珊瑚相鄰擺放（像是在水族箱中），那麼在一、兩小時內就會觸發這個機制。自然環境中這多半是發生在夜間，而且通常都會有一個固定的優勢物種和從屬物種。優勢珊瑚會消化掉從屬物種，到早上時只剩下光禿禿的骨架（圖9，上圖）。還有一種比較遠距的機制是使用掃把觸手（sweeper tentacle），這種觸手比普通觸手長了十到二十倍，其上充滿了刺細胞。觸手會橫掃周遭，攀附在附近一隻從屬珊瑚上，在刺入後將其殺死。這些掃把觸手在偵測到鄰居的存在後，需要幾週的時間才能發育完成，不過能夠清除對手的關鍵在於它們能夠延伸得非常遠。珊瑚要長出這些觸手顯然需要投入相當大的能量，珊瑚不遺餘力地展現出占有空間對牠們有多重要。掃把觸手還有其他的變異型，有的還會發育出長有加長型掃把觸手的珊瑚蟲，這多少具有相同的功效。

某些科的珊瑚可能非常強勢，具有攻擊性，但也有一些科的珊瑚似乎就是弱勢，比不過所有其他物種。既然如此，從屬物種就必須發展出其他特性來另謀出路，諸如更快的生長速度或更高的繁殖率。

凡此種種都會導致珊瑚礁上發生相當大的空間運動，光是一次潛水，觀察者不大可能注意到這些。然而，在經過兩年多的觀測後，我發現儘管珊瑚覆蓋率、空白痕跡等各種測量數字可能沒有什麼變動，但就任何一個點位來說，會不斷從有珊瑚覆蓋變成裸露，然後再變回珊瑚，也許是為另一個物種所占領，在兩年內可能會發生兩次甚至三次的變化。從人類的角度來看，珊瑚礁上的運動可能是慢動作，但在珊瑚礁表面其實充滿動態的占據行為。

軟珊瑚

軟珊瑚（soft corals）是分布廣泛的動物群，與珊瑚的關係相近，在大部分珊瑚礁會與珊瑚混雜在一起。牠們是所謂的八放珊瑚（octocorals），意思是指每隻珊瑚蟲都有八個腸腔，並長有八個羽毛狀的觸手——不像石珊瑚（stony corals）中的物種，牠們的觸手數量是六或六的倍數。正如其名，

圖 10　在約 10 公尺深處的加勒比海珊瑚礁上長有許多軟珊瑚的群聚。英屬維爾京群島。（攝影：Anne Sheppard and Charles Sheppard）

軟珊瑚的骨架有機而靈活。這些珊瑚在加勒比海地區尤為豐富（圖10）。在這個群聚中還有海扇，牠們是群居動物，會把自己的珊瑚蟲高高舉起，以捕食經過的浮游生物。許多軟珊瑚也含有共生藻，但大多數還是靠捕食浮游生物維生。牠們占據了珊瑚礁上的大片空間，具有非常重要的生態角色。然而，牠們對珊瑚礁的結構發展沒什麼幫助，這些柔軟的群聚結構在死後全會分解殆盡。

其他珊瑚親屬

在整個珊瑚礁上還有豐富的其他多種可分泌碳酸鈣的動物。管笙珊瑚（*Tubipora musica*）是另外一種珊瑚目，具有小的細管構造，牠們會組成堅硬的鮮紅色骨骼，每個管內都長有灰色的珊瑚蟲。藍珊瑚（*Heliopora coerulea*）也是另一種珊瑚目，具有亮藍色的碳酸鈣骨骼，儘管在活著的時候覆蓋著棕色組織。這個種類在淺水區最為常見，而這兩個物種僅在印度—太平洋海域被發現。然後是親緣關係更遠的千孔珊瑚屬（*Millepora*）的火珊瑚（fire corals），牠們屬於水螅蟲綱（Hydrozoa）。這類珊瑚在加勒比海和印度—太平洋海域的珊瑚礁都很常見。牠們這一綱之所以如此命名，是因為牠們的刺細胞非常強大，足以穿透人體的薄皮膚，引起灼燒感，雖然火珊瑚的刺痛通常並不危險，有些人還是可能產生嚴重的過敏反應。

海綿

在許多珊瑚礁上，海綿是特別重要的一員。海綿是極其古老的多細胞動物，其祖先群至少可以追溯到五億多年前的寒武紀。牠們的形狀千奇百怪，即使在同一物種內也有很大的差異。有些物種好比巨大的花瓶，其他物種則會形成外殼，或是由各自獨立的管道結構所組成。一些具有重要生態功能的海綿會鑽入珊瑚礁的石灰岩構造，是礁體主要的生物侵蝕者。有幾項因素讓牠們的角色變得很重要。首先，牠們占據了大量的基質，尤其是在加勒比海地區，迄今為止，全世界已發現超過五千種海綿。目前累積有待鑑定的海綿物種越來越多，最後牠們的多樣性可能會超過珊瑚，這或許也反映著牠們存在時間更為長久的特性。海綿會將海水泵送至體內，吸取當中的微粒物質——包括小至微型浮游生物大小（0.2-2 μm）的細菌，海綿甚至具有捕獲病毒的能力。牠們清除水中顆粒的能力相當驚人，以加勒比海為例，在那裡已經發現一系列的海綿物種皆可以移除掉上方水層柱中三分之二以上的懸浮顆粒，在有些地方甚至可以清除幾乎所有的顆粒；而且海綿群聚位於二十五至四十公尺的深處，估計每天都會過濾牠們上方的整個水層。牠們捕捉浮游生物的食性無異是連接水層和底棲生物（海底生物）的關鍵環節。這種「海底—遠洋耦合」（bentho-pelagic coupling）提供了一條重要的途徑，在水和珊瑚礁之間形成微粒碳和氮的通道。

石灰藻和藻脊

石藻（stony algae）是一群重要的造礁生物。在這些石灰藻（calcareous algae）當中，可能又以紅藻（red algae）最為重要。這些石質藻類物種在珊瑚礁頂部長得很茂密，形成堅固的防波脊（圖11）。正是這類構造讓珊瑚礁得以在風暴和巨浪到來時堅持下去。藻脊（algal ridge）位於礁台的向海邊緣，標誌著礁台與陡峭斜坡之間的分界點。很少有珊瑚物種可以生長在珊瑚礁最裸露的部分，飽受海

圖 11　太平洋一個狹窄礁台邊緣的礁脊和溝槽示例。在風平浪靜的日子裡，退潮時粉紅色的藻脊穿破海浪，礁脊沿著礁石斜坡延伸到深水層。

浪衝擊。

但是這些紅色的石灰藻剛好就需要強烈的水流和高通氣量，有些推算顯示它們的硬度與混凝土一樣堅固。從藻脊向海延伸出好幾公尺的巨大礁脊，一峰接一峰，這就是大家熟知的礁脊和溝槽地形。礁脊逐漸進入深水區，側面相當陡峭，通常外觀上有遭受沖刷的痕跡，在平均波浪湍流大幅減少的深度處逐漸消失。礁脊間距的調節機制相當有趣，一般認為這取決於波浪的能量，是由一特定點接收到的波能所決定，波浪的能量越大，礁脊就越大，間距也越大。無論大小如何，這些結構都會以自我調節的方式大幅減少碎波的衝擊力，而且在每個溝槽中，每一道回彈的波浪都會與下一個前來的波浪碰撞，既壯觀又能破壞大半的波能。這樣的造型特徵是許多珊瑚礁能夠存在於波浪強大的海域的關鍵。

第四章

造礁結構——礁石

珊瑚礁的剖面基本上展現出相當的一致性，不過若是就其本質來說，這一點其實並不令人意外，因為礁石是因應環境因素而長出的生物結構。

礁台

若是在陸地上觀察，能夠看到的最大珊瑚礁部分為礁台。通常其範圍遠大於下降到深水區的斜坡，而且在過去這幾百年間，早期的博物學家基於需要或多或少也只將焦點放在礁石上。在目前存留下來的照片中，可以看到博物學家在熱帶地區的陽光下，穿著寬鬆運動褲、夾克、襯衫還打著領帶，在礁台上擺姿勢，也許還拿著遮陽傘和手杖。對他們來說，這裡就是珊瑚礁。圖12顯示出兩個典型礁台的橫切面，不過由於頁面寬度的限制，有將水平部分變窄，是一個不符比例的示意圖，實際上礁台可能超過一公里寬。大多數早期的博物學家都意識到在海裡的更深處存在豐富的生命，但當時還無法進入這片未知的海域（*mare*

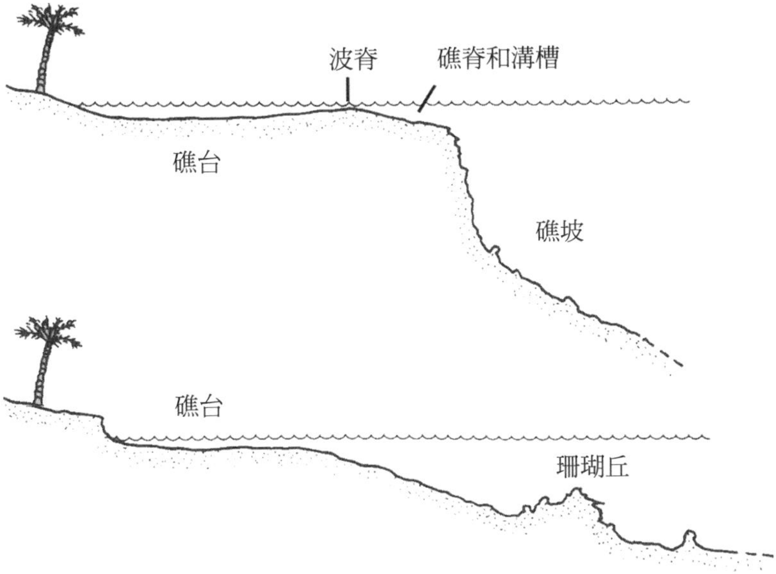

圖 12　珊瑚礁的剖面示意圖。上圖：裸露或面向海洋的珊瑚礁。下圖：逐漸傾斜的珊瑚礁。任一珊瑚礁的剖面可能是介於這兩者間的狀況，通常是受到珊瑚礁整體裸露的程度和地質史所左右。

incognitum）。

有幾個因素造成珊瑚礁發展出這樣的剖面構造。海洋潮汐的漲落範圍通常在一公尺上下，在漲潮時，珊瑚礁都淹沒到水中，這時可以在其中划著船或是浮潛穿梭。然而，在退潮時，整片礁台通常會乾涸。這種普世皆然的特徵在十九世紀初期引發了很多猜測，都在討論何以全球各地的珊瑚礁會出現這樣一致的結構。

珊瑚礁之所以具有這樣的結構一致性是因為造礁這項工程只在水下進行，因此這類結構只能生長到低潮帶。由於位在淺水區這樣的環境，因此經常會經歷極端狀況：退潮時經歷高溫，若是遇上季風季節，退潮時又會因為雨水而大幅稀釋鹽度，然後等進入旱季的無雨狀態，在熱帶陽光下，鹽度遽升到足以危及生命的地步，更不用說陽光和風在退潮時造成的嚴重乾燥以及具有破壞性的紫外線，所有這些外在因素都限制了在這片珊瑚礁上的生命，在當中只有一小部分的生物能夠適應那裡的生活條件。因此，從生物學的角度來說，礁台相對貧瘠，那裡是珊瑚礁心臟地帶偵測環境壓力的「前哨」。正是這項因素大幅限制了早期生物學家對珊瑚礁的想像，因為僅從礁台來認識一處珊瑚礁，就好比試圖在路旁檢視亞馬遜雨林的生命；你根本看不到遠處的多樣性。一些已經適應極端條件的物種可能有很多，但它們的多樣性很低，而且許多礁台上並沒有什麼生機。那裡可能是研究珊瑚在壓力下的生理學的好地方，但這地方並不能代表珊瑚礁。

我們在淺水區的礁台上看到的生命類型，通常是相較於那些深處主要種群的異類，不然就是偶爾也會有對這區域演化出絕佳適應力的種類，因此現在幾乎不能在其他地方找到牠們的蹤跡，當然也有可能是因為牠們適應力強大，在任何地方都可以輕鬆勝出。形狀巨大的微孔珊瑚，或稱濱珊瑚（*Porites*）就是相較於珊瑚礁主要種群的異類物種，為科學家帶來豐富資訊，偶爾也會有腦珊瑚和星珊瑚（star corals）這類來自蜂巢珊瑚科（favid）的種類出現，牠們會以其特有的「微型環礁」（micro-atoll）形式生長在礁台上。微型環礁是個單一群聚，自身發展成一環狀的環礁構造，四周的邊緣是活珊瑚，但頂部已經死去，而且正遭受侵蝕。這些微型環礁不能再向上生長，只能向外生長，擴大環礁的周長，這為研究在珊瑚生命週期內海平面的變化提供了線索；目前也發現有微型環礁的化石，這有助於科學家重建古代海平面的紀錄。

礁台之所以形成，是因為珊瑚礁會往上生長到低水位線，然後就只能向外擴展。在圖3的前方可以看到在島嶼周圍一個發展良好的例子；有些礁台可能會從海岸線往外延伸一公里左右，直至珊瑚礁下降到更深的水中。儘管礁台面積可能很大，但珊瑚大多棲息在邊緣附近。

在礁台的向海邊緣，通常會比大部分礁台地區高出海平面一點，這就是礁頂。這裡通常有大量粉紅色的石灰藻——在第三章所描述和說明的珊瑚藻，會造成碳酸鈣沉積，建構礁體。這裡的海域可能有強大的湍流，幾乎沒有其他生物可以在那裡生存，因為頂不住海浪的不斷衝擊。這些結構吸收了大約九成的海洋能量，否則這些能量會直接衝擊到島嶼的海岸線。

礁坡

越往海裡而去，珊瑚礁的頂部向下傾斜的坡度就會更陡。在那裡有更多的珊瑚礁生長，直到進入光線昏暗的區域，這時多樣性和豐富度再次下降。連同礁台，這種寬闊的結構代表著珊瑚礁正在活躍地生長。環礁這類珊瑚礁，可能會急劇下降數百公尺，遠遠超過珊瑚可以生長的深度，而在大陸棚上的珊瑚礁多半是逐漸下降到較淺的深度。由於海平面會隨地質年代而變化，這會讓所能觀察到的樣貌變得複雜，因此在基本樣貌上通常還會疊加有明顯的坡度變化，讓整個珊瑚礁的地貌變得更為複雜。

礁坡上的環境條件非常適合大多數種類的珊瑚和其他珊瑚礁生物（包括軟珊瑚和海綿）生長，而這裡也是可以尋找到大多數珊瑚礁物種的地方。多樣性的熱點可能出現在水深五公尺到二十公尺的任何一處，具體位置取決於這一區域和當地所有的環境條件，尤其是整體海水的清澈度。在這裡，陽光仍然足夠明亮，能夠進行光合作用，但不至於產生破壞性的強烈影響，波浪能量也沒有大到具有很強的破壞力，但海水的運動仍然足以防止沉積物沉澱。簡而言之，大多數珊瑚礁物種都想生活在環境因素適中的這個區塊。為了在此占有一席之地，牠們必須在其生命週期的一個或多個方面表現出競爭優勢——不論是攻擊能力、生長速度還是繁殖能力。珊瑚礁斜坡滋養著海洋中最豐富的生物多樣性和最多樣化的大型動物群。這裡非常擁擠！到更深一點的地方，在礁石斜坡的底部，光線開始變暗，這時能夠捕捉光線的葉片形珊瑚增加，是這一區的優勢種類。波浪的能量到這裡幾乎消失殆盡，這表示那些細薄、多葉而且較為脆弱的珊瑚可以在此處生存。牠們成長的角度通常是以能夠捕捉到充足光線為主，不過牠們葉子般的片狀結構有一傾斜角度，能夠讓沉積物脫落，在世界上有許多地方，尤其是加勒比海地區的深礁斜坡，主要就是被這些看似「帶狀皰疹」的珊瑚所占據，好比傾斜屋頂上的瓦片。再往下一點，最終到了大約八十公尺或更深的地方，所有光合作用形式都消失了，那裡可以說已經完全沒有真正的珊瑚礁了，不過有時會在沙子上，或是在岩石表面（這本身可能是古老的珊瑚礁）上發現不需要陽光的珊瑚種類。

隱祕的生活

在珊瑚礁上的大部分生物都是過著隱祕的生活，不是占據裂縫，就是挖掘軟質岩石來製造裂縫。何以這裡的生物會想要藏身，這一點其實很容易理解，只要想想在珊瑚礁附近聚集的魚類大約有三分之二以上都是肉食性的，而且當中多半具有非常廣泛的獵物清單。然而，過著遮蔽或隱祕的生活會遇到一個明顯的麻煩，那就是只能依賴自行送上門的食物。因此，許多隱祕物種是濾食性動物，捕捉漂浮在水中的食物，還有許多物種會捕食為牠們完成這項任務的物種。許多蠕蟲、甲殼類動物和軟體動物都是如此，而海綿在濾食動物中更是格外重要。甲殼類動物和軟體動物這類小型掠食者會徘徊在迷宮般的地下洞穴和通道中，而其他物種會自行攜帶保護殼——軟體動物和甲殼類動物就是最好的例子。然而，大自然似乎對每一項發展都有演化出反制措施：一些甲殼類動物會打破或剝開軟體動物用來保護自身的殼，還有一些掠食性的軟體動物會在其他生物身上鑽洞，吸取下面的肉。珊瑚礁上的軍備競賽持續進行著，一場接一場，一個物種的防禦會遭到另一個物種突破；每一種新的攻勢都會被新的防禦方式所化解。「紅皇后」（Red Queen）這個比喻很適合用在珊瑚礁的生命上，這源自於《愛麗絲夢遊仙境》（*Alice's Adventures in Wonderland*）中的一個橋段，紅皇后必須不斷奔跑才能留在同一個地方。今天存在的所有物種都是在這些軍備競賽中採取了成功的策略。這在某種意義上是不言而喻的：如果物種無法持續演化，保護自身免於遭到捕食和淘汰，那就注定走上滅絕——在所有曾經存在過的物種中，有百分之九十九都走上這條死路。在珊瑚礁上最生機盎然的地方，也是環境條件相對溫和，競爭激烈的地方，在那裡最好的防禦措施就是竭盡所能地隱藏自身。

關鍵特性：粗糙度

珊瑚大量的生長行為最後就是造就出像森林一樣的珊瑚礁，提供一處立體空間的棲地。科學家認為這就是珊瑚礁能夠支持高度多樣化生命形式的一大原因。

與一大片平整的石灰岩板不同，生長型態不規則的珊瑚提供了相當大的空間和眾多的生態區位。在這方面最引人注目的是珊瑚中最具建設性的軸孔珊瑚屬。雖然還有幾個珊瑚屬中的一些物種會長出分枝，但沒有一種能與軸孔珊瑚屬相提並論，這類珊瑚會形成灌木叢、微型森林和桌形群聚，提供很多空間讓生物進行隱藏、伏擊或逃跑。軸孔珊瑚屬中的物種是珊瑚中最多的，光是已描述過的就超過一百五十種。珊瑚提供的結構非常重要，因此已經發展一套為其定量的方法，並且將立體空間的「粗糙度」（rugosity）與珊瑚礁生物學的各種特徵連結起來。潛水員可以清楚看出這一點，他們會在分枝珊瑚群中看到無數的小魚群；這些是以珊瑚附近的浮游生物為食，但當有體型比牠們大很多的東西靠近時，小魚就會迅速回到樹枝狀的庇護所內。從這些小魚到體型最大的石斑，在軸孔珊瑚屬的桌形構造下棲息著許多物種，或是休息，或是埋伏，珊瑚礁中廣泛的生態區位同時為掠食者和獵物提供了不同的遮蔽處。

分枝結構對於展現它的群聚來說是要付出代價的，最明顯的一點就是在能量的消耗上。正因為如此，大多數會分枝的珊瑚都生長在波浪能量不是最強的地方，即幾公尺深的礁石斜坡和潟湖區域。但在加勒比海和印度洋—太平洋地區也有非常粗壯的軸孔珊瑚屬生長。在加勒比海中有珊瑚中最大的麋鹿角珊瑚，牠們是島嶼周圍處淺水區的優勢種，或者說至少曾經如此過。近來因為爆發致命的疾病，當地珊瑚幾乎完全被消滅了，造成了嚴重的後果；但這類珊瑚仍然存在，據說目前在一、兩個地方有看到恢復的跡象。在印度洋—太平洋地區，有發現牠們的近親物種，只是體型稍小，不過仍具有抗浪能力，例如籬枝同孔珊瑚（*Isopora palifera*），牠們同樣占據淺水和中等湍流的水域，儘管這些物種最近也受到負面影響，這次是因為海水變暖。

團塊形珊瑚也會增加珊瑚礁的立體結構，一般我們所講的團塊形珊瑚指的是那些大型石塊般的圓形珊瑚（即使牠們並不是特別的大）。在更深處則是葉片形珊瑚，牠們會向外延伸以捕捉光線。有許多會長出小的珊瑚蟲，分枝間的間距較寬，主要是靠光線當作能量來源。在某種程度上，所有這些葉片形珊瑚可能也都仰賴沉積在表面上的有機殘骸。

洞穴和裂縫

珊瑚礁中有洞穴和數不盡的穴道，為原本繁複的構造又增添了更多複雜性。無論是簡單的小懸垂，還是深入洞穴的管道，都有獨特的動物群生長其中，而且與在外面發現的動物群大相徑庭。在許多陡峭的礁石上會形成水平排列的洞穴，這些礁石是在過去海平面比現在低幾十公尺時形成的，因此這些如今沉入水中的礁石曾遭到海浪沖擊和侵蝕。有些洞穴和裂縫是在海平面遠低於現在的高度時形成的，大量雨水侵蝕了當中的隧道，隨後又為再次上升的海平面所淹沒。不論是出於什麼原因，洞穴中的主要生物都展現出很大的差異，包括那些通常只能在深處才能看到的生物，牠們生長的深度通常都超過大多數潛水員能下潛的範圍。

洞穴也展現出明顯的分區（zonation）。在入口周圍處生長的是在那個深度的典型石珊瑚和軟珊瑚，但在進入洞穴後，光線迅速減弱，能夠進行光合作用的植物迅速轉變為紅藻，珊瑚的類型也從與共生藻共生的種類轉變到那些沒有共生藻類的，此外還有水螅（hydroids）和海扇，也許還有一些黑珊瑚（black corals）——一種截然不同的動物群聚，牠們的骨骼非常搶手，會被打磨成珠寶。在這裡最常見的固著動物群通常是水螅，大多數是小型刺胞動物中的羽狀群聚，牠們的刺非常強韌，能夠輕易穿透人類的皮膚。沿著洞穴的壁面還排列著許多種海綿。在這些固著動物之間和周圍，甚至是在海綿的腔室內，則棲居著許多多毛類動物、甲殼類動物和其他物種，牠們已經完全適應穴居生活，與在外界數量更多的親屬物種很不同。

由於這裡的環境陰暗，附著在洞穴壁上的動物群完全依賴浮游生物維生，無論是死是活，甚至會攝取那些浮游生物的排泄物。這些浮游生物的來源還不是很清楚，大多數可能是跟著水流從外部進入的，所以那些只有一個孔的洞穴可能相對貧瘠。不過許多洞穴的壁上和頂部都有裂縫，只是它們太過細小難以用肉眼觀察到，但是能藉由分析水流的儀器來測量。許多珊瑚礁都有很多孔洞，能讓大量水流通過。大多數洞穴每天會有數千公升的水流經其上無數的小通道、孔隙和裂縫，在很大程度上，可以說是由珊瑚礁岩石的滲透性來決定能夠在洞穴中生活的生命數量。要驗證這一點很容易，只要請洞穴內的潛水員放一下呼吸調節器內的氣體即可，儘管這方法不是很科學。氣泡會消失在頂端，洞穴外的潛水夥伴或許會看到，在等個幾秒鐘或幾分鐘後，會很清楚地看到氣泡流從整塊礁石表面的許多地方冒出來。空氣可以通過的地方，含有浮游生物的水也可以。

這些洞穴可能不會持續很久，事實上，若是拉長時間，在珊瑚礁上沒有什麼是永久長存的。鈣化生物的生長，再加上被水流帶入洞穴的沉積物，這些都會將洞穴封閉起來，只是速度非常緩慢。若是處於波浪作用的位置和深度，洞穴或許可能會變大。洞穴頂部也可能會因為上方珊瑚的重量而倒塌，雖然這種情況比較少見，不過還是可以看到珊瑚礁崩塌成斜坡的地方，後面沖刷出一條明顯的坡道，現在則覆蓋著許多沙子。我曾親眼見過一個極端的例子，有一處典型的珊瑚礁平面、頂部和斜坡遭到一場一百五十年前的地震徹底改變，達爾文曾描述過這地方，我就是因此而前去查看。那場地震不僅帶走了一大塊珊瑚礁，還帶走了它上面的部分島嶼，由於地震造成島上椰子園的損失，因此這場毀損過程有被記錄下來。

陡峭的礁石斜坡通常會長滿自己的基底，因此導致水下的斜坡較小。珊瑚礁已經存在了幾百萬年，這些懸垂、洞穴和垂直斜坡都為不同的物種群增加了不同的棲地。

造沙

許多珊瑚礁都會有一大片後礁區，主要是由碎石和沙子組成的，那裡很少有珊瑚生長。這是每座珊瑚礁不可或缺的一部分，扮演著重要的生態功能，而且不論就物理還是生物層面來說，這片區域都與珊瑚礁緊密相關。這些沙子是由珊瑚礁中的生命所製造的，確實是當中的一部分。

從某個角度來看，珊瑚的主要作用是生長和死亡，然後分解成更小的塊狀物和顆粒，最後又由此組成珊瑚礁的基質和珊瑚島本身。從牠們開始生長的那一刻起，珊瑚就同時受到生物和物理因素的影響，並且最終將牠們轉變成沙子。

物理侵蝕是很直接了當的。珊瑚群聚很容易受到暴風雨和海浪破壞，尤其是分枝形和葉片形的群聚。這造成的殘骸最初可能相當大，有完整的分枝、葉片形群聚的葉片，以及拳頭或手指大小的結節。隨後，這些殘骸在波浪作用下滾動，會進一步碎裂成沙子，然後變成淤泥。它們大多聚集在珊瑚礁後方和潟湖中，但也有很多聚集在珊瑚礁本身眾多的小空間內，後來在那裡硬化成更堅固的岩石。殘留在表面的碎石，對於大多數需要穩定基礎的生物來說，並不適合棲居生長，因為在風暴來襲時，它們的運動會產生一種類似液態砂紙的效果，這對大多數依附在表面的生物非常不利。

這些會產生沙子的珊瑚骨骼還會遭到生物攻擊，這就更為複雜多變了，而且通常會產生更細的顆粒和淤泥。鸚嘴魚（Parrotfish）會成群結隊地聚集在珊瑚礁上方，用喙狀嘴刮食表面，每次會從基質上咬下約一公釐深的東西。在許多團塊形珊瑚上都可以看到上面覆蓋著這些刮痕，在呈現棕色的健康珊瑚組織中顯得很蒼白。鸚嘴魚負責生產珊瑚礁上的大部分沙子。牠們的胃腸系統需要沙子來幫助消化，在鸚嘴魚游泳時經常會看到一條細白的沙子從牠身上排泄出來。

在生物侵蝕方面，還有一種難以察覺的神祕生命形式，這通常是非常小的動物，以及一些植物。儘管在很大程度上肉眼無法察覺，但據估計，這些隱蔽的珊瑚礁動物群的生物量與表面那些容易觀察到的動物群生物量不相上下，而在物種多樣性方面甚至更為豐富。小型的侵蝕性生物會在相對較軟的石灰岩中挖掘、鑽洞和鑿孔。許多雙殼類軟體動物會用牠們的殼來挖掘居住的隧道。其他生物則是靠分泌弱酸來溶解石灰岩。在這些侵蝕性生物中，有群特別重要的生物，那就是

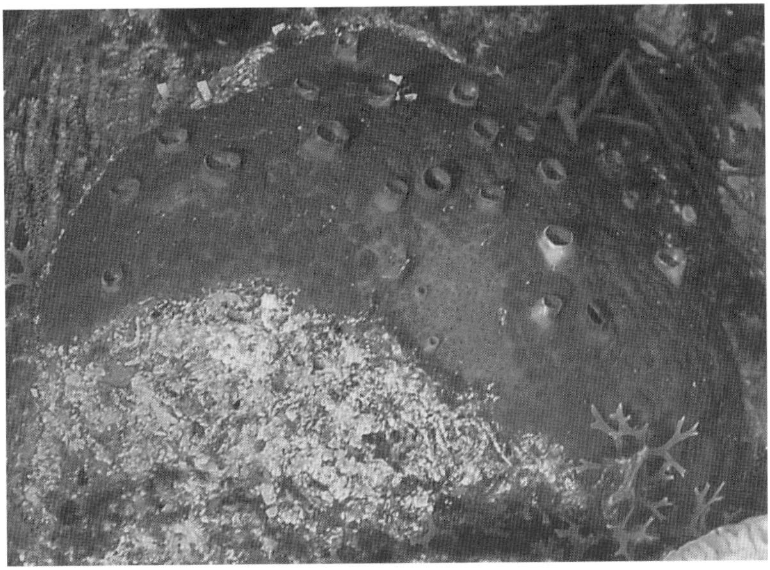

圖 13　此為加勒比海一處被蝕骨海綿摧毀的珊瑚群聚。鮮紅色的海綿僅附著在表面；大部分海綿聚集在日漸遭到侵蝕而空洞的珊瑚石灰岩內部。（攝影：Anne Sheppard and Charles Sheppard）

海綿。牠們身上沒有可移動的組織，因此完全是靠溶解岩石來生存。有些海綿形成一大片薄組織，覆蓋在岩石表面上，主要特徵是形成許多不規則間隔的小火山狀結構，這些是海綿排氣用的氣孔，主要集中在越來越空心的珊瑚下方。蝕骨海綿屬（*Cliona*）的一些大型海綿（圖13）在一年內可以侵蝕好幾公斤牠們所寄居的珊瑚基質。在許多珊瑚礁，海綿侵蝕已成為所有生物性侵蝕中最嚴重的，造成許多珊瑚死亡的原因之一，不過在健康的珊瑚礁上，大多數珊瑚則沒有遭遇到這種狀況。

植物也具有生物侵蝕性，特別是絲狀綠藻，經常透過珊瑚群聚中天然存在的微小孔隙，趁隙進入。由於要進行光合作用，這些藻類需要留在頂部幾公釐處仍然可以接收到一些光照的地方。由於珊瑚霰石石灰岩的半透明特性，因此光線可以充分穿透薄層的珊瑚組織，進入石灰岩中約幾公釐之處，這就足以讓藻類進行光合作用。許多團塊形珊瑚的剖面都可見到一條綠色的細帶，顯示這類藻類確實存在。其中一個主要群體是蠔殼藻屬（*Ostreobium*），它們生活在離珊瑚骨骼表面很近的地方，有人甚至推測這些藻類可能有參與珊瑚的營養代謝和氣體交換過程，還有些人則認為這是珊瑚共生體的一員。

珊瑚礁和珊瑚的整體侵蝕率可能相當接近史上鈣化或生長的最高紀錄。碳酸鈣通常以每年每平方公尺約六公斤的速度在積累，健康珊瑚礁受到的侵蝕會少一些，因此會有淨成長，但也只有一點點，這就是為什麼珊瑚礁往往會先到達海表的原因。不過任何干擾生長或加劇的侵蝕都很容易動搖這樣的成長失衡，導致珊瑚礁的破壞。還有另一項因素也很重要。覆蓋在活珊瑚表面的珊瑚蟲是肉食性的，會捕食那些在活珊瑚上試圖挖隧道或鑽孔的生物幼體，因此珊瑚的活體表面是最佳屏障，能夠有效阻止骨骼遭到入侵。珊瑚組織死亡後，便會使骨骼暴露在攻擊之下，導致更多的沙子和沉積物產生。潛水員認為死礁處的能見度較差，這不僅是心理因素造成他們覺得眼前更為陰暗，而是因為侵蝕使懸浮在水中極為細小的淤泥數量增加了。

還有許多其他生物群也會產生沙子，其中一些的產量甚至相當龐大。有孔蟲（foraminifera 或 forams）是一群原生生物，牠們的殼通常是碳酸鈣的沙粒，直徑從小於一公釐到一公分都有，視物種而定。這群動物在底棲物種中可能非常豐富，因此構成大片區域的大部分沙子。有孔蟲的群聚物種會形成結殼層（encrusting sheet），這對於黏合其下方的沙子和碎石很重要，這些和有孔蟲一起可以組成巨大的沙洲。

其他對沙子的產量貢獻相對較小的動物群可以用顏色來區分，有些非常鮮豔，在大半純白色的沙粒中很顯眼。軟體動物的殼、棘皮動物的棘刺，還有藍珊瑚和紅色的管笙珊瑚的骨骼，這些也都會成為沙子的一部分，在當中增加了紅色、棕色和藍色的斑點。

這些生物產生的沙子對珊瑚礁相當具有建設性，這一點經常遭到忽視，但它們對珊瑚礁的生長至關重要。沙子和淤泥會沉入裂縫和孔隙中，有時在波浪的作用下會被深深地壓入其中。這些顆粒會彼此融合，慢慢地將珊瑚礁轉變成堅固的石灰岩，比原先產生這些顆粒的珊瑚群聚的骨骼更堅硬持久。從一個裸露在外的化石珊瑚礁橫切面，可以看出這類無固定形狀的固體石灰岩基質，與那些可識別的珊瑚群一樣多，甚或是更多。這些顆粒之所以能固結或融合成堅硬岩石是因為微生物的關係，在其媒介下會造成顆粒表面酸鹼值的變化，不過確切的整體機制還不是很清楚。從一個暴露的珊瑚礁化石可以看到這些顆粒造成的結果，許多不同物種的死亡珊瑚群聚被包圍並嵌在堅固的岩石基質中，這基質便是珊瑚礁地質結構的主要元素。

礁沙也可直接由藻類製造，主要是三種大型藻類——綠藻、紅藻和褐藻。其中最重要的，要算是綠色的仙掌藻（*Halimeda*），這種藻類具有明顯的特徵，比較不會被誤認，是由一長串覆蓋著活性綠色組織的碳酸鈣小圓盤鏈所組成，圓盤呈圓形或腎形，寬度從幾公釐到一公分以上，具體尺寸隨物種而異。圓盤主要的成分是碳酸鈣，在理想的條件下，每個藻體一天可能產生一個新的圓盤，一整株藻類則會長出幾十個藻體。圓盤間的連接很脆弱，容易折斷；在組織死後，這些小圓盤就成為礁沙的一部分，由於造型特殊，相當容易能夠辨識出來。這些藻類的產沙量驚人，許多加勒比海灘的主要沙子都是來自這種藻類，而且在太平洋海域數十公尺深處，也發現由它所形成的巨大土丘。垂直的水下表面可能覆蓋著仙掌藻，每天從中流出數十億個圓盤，這些都將成為海沙中的主要成分，也是整個複雜的珊瑚礁生態的重要部分。

有些褐藻的葉狀體也會分泌碳酸鈣，儘管在量體上遠不及仙掌藻。團扇藻屬（*Padina*）是當中典型的代表，儘管這些藻類生產的碳酸鈣數量要少得多，也非常細微。紅藻中也有幾個屬的種類具有分泌碳酸鈣的特性，不過在這個分類群中，最重要的藻類是前文描述過那些會形成藻脊和刺的石質藻屬。

海沙中的生命

一平方公尺的珊瑚礁每年約可產生好幾公斤的沙子。雖然很多沙都成為珊瑚礁的一部分，但更多沙會漂流到珊瑚礁後方，形成比珊瑚礁本體更大的一片區域。在波浪或水流的驅動下，篩選海沙的過程持續不斷，出現了從粗到細的分級。在珊瑚礁後面發現的通常是碎石和粗沙，接著是更細的沙子，最後可能會有鈣質泥漿的形成。之所以會發生這樣的篩選，主要是因為細小的顆粒在水中懸浮的時間較長，沉降速度也更慢，所以會被撞上礁石的海浪帶動，在碎浪的水流中被進一步帶到遠處。珊瑚礁生長在波能盛行的地方是很平常的，因此幾乎一直會有這樣連續不斷的海水從礁石前緣或礁石斜坡，穿過礁石平地，流向礁體後方的區域。沙子可能會在那裡堆積起來，在島嶼周圍形成海灘，這足以維持這座島嶼，甚至是創造一座新的島嶼。流經珊瑚礁頂部的水通常可能以每秒超過一公尺的速度流動，足以將懸浮的沉積物帶到相當遠的距離，但當進入更深的水域後，流速會立即減慢，這時沙子會根據顆粒大小逐漸沉降。

這些沙子可不是了無生機，不同大小的沙粒其實孕育著不同的物種組合。首先要注意的一點是，這些海水下的沙子經常是褐色、灰色，甚至還有紫色的——

所以沙堆看上去是顏色斑駁的，不像堆積成沙灘的白色沙粒。它們的顏色主要來自表面大量的絲狀藻類和肉眼難以察覺的矽藻（diatoms）等微小生物，這類微小生物會在沙粒上進行光合作用，並為許多其他生物提供食物。其中有許多還會進行固氮。通常這些沙粒會與大型藻類和海草混合在一起，組成具有極大生產力的團塊。所有這些都會為基質添加有機質，而這些又會被許多較大的生物所消耗掉。有許多物種對沙子的生成有所貢獻，數量最多的是那些體型較小的動物，像是所謂的微型軟體動物（micro-molluscs），牠們本身就跟沙粒一樣大。在會攝取沙子的生物中，比較引人注意的可能是海參科（Holothuridae）的棘皮動物（echinoderm）。以有機物質為食的海參會攝入大量沙子，在消化其中的有機物質後，會將其餘部分排出體外。由於海參是亞洲人的一種食物，現在沒有採集海參的地方日益稀少，而在那些海域裡，每平方公尺的數量可能超過兩、三隻；牠們是「清潔」沙子的重要環節。在大量採集海參的地方，海底的有機物質甚至會累積到導致那裡缺氧的程度。

許多軟體動物，包括許多掠食性物種在內，都會在沙中挖洞，有些只在夜間浮出水面，白天則是將牠們的虹吸管伸出水面。棘皮動物中有許多扁平的種類，像是沙元（sand dollars）和心海膽（heart urchins），牠們也會挖洞。一些最顯眼的是蠕蟲，特別是多毛類（polychaetes），許多都有管狀構造，身體的一端則露出水面。有幾種魚也會鑽入沙中裡。最吸引人的一種是花園鰻（garden eels），牠們是糯鰻（Congridae）家族中的一個亞科，是一種非常敏感害羞的生物，其群聚面積可達數千平方公尺，不過只要稍有擾動，即使是像潛水員靠近這樣輕微的干擾，牠們也會先將尾巴縮回洞穴。穴居蝦（burrowing shrimp）可能是常見且容易觀察到的沙棲動物，魟魚（ray）也是如此，牠們會將身體的部分埋在表層之下，只會露出一對眼睛。

這些挖洞物種非常重要，因為有牠們，才能確保下層的沙子和淤泥會定期與表面的沙子混合，在將底層沙子帶到表層的過程中會接觸到含氧水，這樣就能防止表面下方出現缺氧層。有些實驗會將黑沙散布在白珊瑚沙的區域內，在短短幾天內就可觀察到表面與地下層發生徹底混合的情況。

在珊瑚礁上看到的大多數生物家族都有適應相鄰沙灘的親屬物種住在附近。與珊瑚礁本身的研究相比，針對沙灘區域的研究仍然少得多，這其實很可惜，因為廣泛來說，這片區域也算是珊瑚礁生態系中的一個重要組成。沙子可能堆集成島嶼，具有巨大的商業和旅遊用途，更不用說還能為人類提供家園，廣闊的沙地為地方社區所食用的幾種魚類提供了主要的覓食區。這些區域應當被視為珊瑚礁的一部分。許多具有商業價值的魚類為了覓食，會在沙地和礁石之間來回游動，有些是行晝夜遷徙，有些則是季節性的，這也為珊瑚礁和鄰近沙地間形成生態連結。

第五章

珊瑚礁的微生物引擎

我們知道在珊瑚、軟珊瑚及其親緣關係的相近物種體內常常會有共生藻類，這可說是推動珊瑚礁運作的一項重要燃料來源，而且珊瑚動物群與其共生藻類之間有關係緊密的養分循環。在珊瑚—共生藻的這份共生關係中，能量幾乎沒有「外漏」的問題。不過在珊瑚礁中，還有其他幾個重要的引擎，光合作用產生的有機物質和能量沿著各種食物鏈，以幾乎看不見的機制，從植物轉移到位於頂端的掠食動物。有機物質和能量在這系統中的傳輸，很大程度上是倚靠珊瑚礁上的微生物。微生物是整個珊瑚礁生產力和多樣性的關鍵。

為了便於解釋，在此會將包括浮游生物在內的微生物根據大小分成幾群體，從最小的開始，依序是病毒、屬於原核生物的細菌和古菌、原生生物，以及具有更進階的真核細胞的浮游生物。最後這一群又包括浮游植物（phytoplankton）和較大的浮游動物（zooplankton），以及其他大型動物的幼體。

病毒

病毒是當中最小的，無法獨自生存。為了繁殖和生存，病毒必須侵入到一個更大的宿主細胞內，劫持該細胞的遺傳裝置來進行自身的分裂和繁殖。病毒很小，從大約二十到兩百五十奈米不等。目前我們對海洋病毒的認識還不夠多，它們仍然是珊瑚礁上相當神祕的組成一員。病毒的密度可以在每毫升海水中高達一億個病毒，在海床上的數量可能還要再多出好幾個量級。這些病毒可能會感染所有的生物體。雖然有些珊瑚礁海綿的濾器可以直接移除水中的一些病毒，但病毒主要透過調節各族群和群聚來影響許多生態過程，就像它們在陸地上所做的一樣。

細菌和古菌

細菌和古菌較大，不過仍比所謂的「更高等」和更複雜的多細胞生物的細胞要小得多。這兩者都屬於原核生物（prokaryotes），意思是沒有細胞核。大小介於〇．二到二微米（μm）之間，懸浮在水中時，成為超微型浮游生物的一部分。細菌和古菌加總起來是浮游生物中數量最多的一部分。兩者的大小相似，因此最初曾誤將古菌歸類在細菌，但現在則將古菌放在一個單獨的種類中；事實上，古菌的基因和代謝途徑中有些和細菌非常不同，分析結果顯示古菌與細胞和高等生物的親緣關係，遠比和細菌的親緣關係還要近。

細菌在珊瑚的黏液層中形成共同的共生關係，還有更多生活在珊瑚組織內部（如圖7所示），是珊瑚共生體中的關鍵組成。科學家已經培養出其中一些細菌，而透過遺傳物質定序可以進一步認識其多樣性和豐富度。在珊瑚共生體中，肯定有數百種不同的細菌和古菌。

就多樣性、轉換率和新陳代謝活動這些方面來看，細菌和古菌超越了珊瑚礁中所有其他的組成，兩者都會分解有機物質並且將循環再利用，還能將一些營養物質礦化，並且在這些物質上成塊生長，最後本身也變成食物來源。它們倍增的時間可能很驚人：曾經有過每天倍增十次的紀錄。因應新的食物來源，其密度每天都會出現非常快速的波動，在白天會對藻類的光合產物和珊瑚黏液做出快速反應，這時的數量最多。底棲細菌的種類也同樣豐富而多樣，在珊瑚礁底部的生產力為每天每平方公尺產出半公克的碳。

這些微生物群聚，尤其是細菌，是珊瑚礁中碳和有機化合物循環的關鍵，此一過程稱為「微生物循環圈」（microbial loop），這是珊瑚礁運作中一個難以用肉眼觀察到的面向。海水中的磷這類關鍵營養物質可以在幾分鐘內轉化，連較為複雜的有機物質也可以在數小時或數天內將其循環回收。過去有好多年的時間，人們認為珊瑚礁好比廣闊海洋中的綠洲，可以在營養貧瘠處提高生產力，但卻難以解釋這其中自相矛盾之處，不過現在可以很明顯地看出箇中巧妙，其中一項原因就是微生物循環圈。

生長在廢料、屍體和溶解的有機物質上的微生物，會直接分解並使用這些材料，這一點非常重要。環繞這些廢物周圍的細菌團塊成了一種食物來源，供應許多濾食動物和海床上數百萬微小的腐食性動物。在這些腐食性動物中，有許多是單細胞動物，但也有一些是微小的多細胞動物。

藍菌（cyanobacteria），以前稱為「藍綠藻」（blue-green algae），是「微底棲生物群」（microbenthos）中的重要組成。可能有超過一半的珊瑚礁表面用於支持這些初級生產者，而在珊瑚礁沉積物中，其密度有時可達到每公升數百萬個，這通常會讓原本呈白色的珊瑚沙變成深色，並為海草床和大型藻類提供大量的生物量，這些占珊瑚礁初級生產總量的兩到三成。

原生生物

原生生物要比細菌和古菌來得大，是單細胞生物。儘管還不算是動植物，也還是將這類生物算在浮游植物中，算是一種類植物的生物體。原生生物是真核生物，這表示細胞內具有細胞核和胞器，就跟所有複雜的多細胞生物一樣。在浮游生物中，有些是直徑二到二十微米的奈米級浮游生物（nanoplankton），有些則是直徑二十至二百微米的微型浮游生物（microplankton）。原生生物的豐富度也很高，而且能夠協助清除水中的有機物質。在清澈水域，其生物量相對稀少，但在靠近陸地的珊瑚礁水柱中則會出現高密度的聚集，因為那裡可能有流出來的養分滋養這些生物。矽藻和雙鞭毛蟲是當中的重要成員。一些雙鞭毛蟲因為與珊瑚共生而為人熟知，不過在雙鞭毛蟲中，有許多種類完全是浮游生物，還有更多雙鞭毛蟲是生活在岩石、海藻和海草的表面。有些雙鞭毛蟲可移動，而且完全是掠食性的。這些種類失去了葉綠體，會捕食其他原生生物，並用兩條鞭毛來游動。有時，自由生活的種類會大量繁殖，形成「赤潮」（red tides），有時雙鞭毛蟲會產生神經毒素，這可能導致大量魚類死亡，人類若是食用這些被汙染的魚，也會中毒。

可能有數百種的雙鞭毛蟲和矽藻在珊瑚礁後方沙地表層的一、兩公分處生活著，在那裡每毫升沉積物中，矽藻細胞的密度可達到兩、三百萬。因此在每立方公尺的水體中有高達一克的葉綠素，總生物量相當龐大。這些微型藻類可能占珊瑚礁初級生產總量的四分之一到三分之一。

單細胞動物

單細胞動物就跟原生生物或原生浮游動物類似，是這條微觀食物鏈的下一階。當中有些會吃浮游植物和底棲型的矽藻和鞭毛藻。在珊瑚礁的食物鏈中，大量以浮游植物為食的原生生物也是一個主要環節，這會將大部分的碳轉移到體型較大的生物體內。這類生物的多樣性也很高，存在於海水和沉積物中。纖毛蟲（ciliates）是當中很重要的一員，許多大型的種類體內也含有共生的雙鞭毛蟲，因此除了捕食小型浮游生物外，有些種類還可以提高初級生產力。

之前已經提過有孔蟲這群重要的原生生物，其大小又比上述所述的生物來得大，直徑約在一至十五公釐，有浮游型和底棲型兩大類。海底有大量這些變形蟲般的生物，當中許多發展出非常精細的外部骨骼，而在一些珊瑚礁區，這些生物也會產生大量沙子，其骨骼含有非常有用的資訊，有助於追蹤過去的氣候變遷。有孔蟲當中有許多種類也含有共生藻。透過這樣共生的形式，大部分的能量和碳便能在珊瑚礁食物鏈中眾多的途徑向上移動。

浮游動物

大部分的珊瑚礁動物是以濾食為主要的進食方式——就是過濾出水中的顆粒。珊瑚是用牠們帶有刺細胞的觸手來進行濾食，儘管珊瑚主要的能量可能是從牠們的光合共生體那裡獲得。軟珊瑚也是如此，不過就比例上來說，牠們濾食浮游生物的比例較高，才能滿足能量需求。海綿和許多雙殼軟體動物、海百合（feather stars）、各式各樣的蠕蟲以及蔓蛇尾（basket stars）等主要也是捕食浮游生物，這包括上面描述的那些，尤以浮游動物占大宗，牠們濾食的方式一般是將水泵入體內篩選出有用的物質，或者是將觸手懸在水流中，捕捉經過的顆粒。有些物種不僅能夠區分浮游生物的大小，還能區分其材質——會排除掉沒有營養價值的細沙粒，但保留住同樣大小的浮游動物。有些很小的魚類是「浮游生物採集者」，就像字面意義上那樣，牠們會在水中一隻隻挑出浮游動物來吃；而較大的海洋生物，包括魟魚和鯨鯊，則是簡單地過濾大量水體。大型浮游動物會捕食小型的浮游動物，而較小的浮游動物則是以浮游植物為食。

永久性浮游動物

除了在珊瑚及其相近物種大量產卵的期間外，大多數珊瑚礁上數量最多的浮游動物是永久性浮游動物（permanent zooplankton），有些生活在上方的水柱中，另一些則生活在沙粒間。這些永久性浮游動物種類繁多，包括甲殼類動物、多毛類和線蟲。其中一大類是橈足類（copepod），牠們是群微小的甲殼類動物，總生物量可能超過牠們體型較大的親緣動物，好比說我們很熟悉的螃蟹。這類微小的動物群會因應細菌等食物來源的增加而迅速生長，而海參等大型腐食性動物在攝取大量沙子時便是在吃牠們。

有許多永久性浮游動物是底棲型的，白天生活在沙子和碎石的縫隙中，晚上則從礁石上升到水柱中。底棲浮游動物的數量通常遠超過完全游離於水柱中的浮游動物，因此底棲浮游動物成了那些以浮游生物為主食的物種的食物來源。在基質為沙質的地方測量牠們的密度會得到非常大的數字。在紅海，每平方公尺的沙質基質含有數千隻動物，其中有四分之三以上會在夜間通過水柱向上遷移。通常牠們是在日落後一小時內上行，並在黎明時分回到沙石的縫隙間。許多底棲的濾食性生物就是靠這群浮游生物為食：珊瑚會在夜間伸出觸手，海百合和蔓蛇尾則是展開臂膀捕捉牠們：夜間是這些動物進食的時間。同樣在紅海，已發現好幾個主要群體可以從牠們的碎石基質向上垂直遷移二十五公尺，到達水面附近，在珊瑚礁上形成一道浮游動物的濃度梯度，從稀薄到濃密。值得注意的是，在這種遷移運動中，有許多不同群體的底棲浮游動物會展現出非常高的同步化模式，整年都是在日落後幾分鐘內從珊瑚礁中出現，並在黎明前約一個半小時返回底部。有人對此現象的解釋是，在日落之後，那些靠浮游生物為生的魚類捕捉浮游動物的效率較差，而且這時大多數珊瑚還沒有展開牠們的觸手，這些因素提供給浮游動物一個短暫的時間窗口，可以在這段時間逃脫最有可能遭到捕食的危險，穿越基質上方的水層。據推測，迴避掠食者是決定遷移時間同步化精確度的主要因素。整體來說，這種底層浮游生物是珊瑚礁食物鏈中的重要組成。這些動物絕大多數都難以用肉眼觀察到，但牠們的影響力非常顯著，因為牠們支持著許多珊瑚礁中的可見生物。

臨時性浮游動物——幼體

大型動物的幼體（larvae）也算在浮游生物這一群。對固著動物來說，幼體階段是為了散布。最大的幼體通常來自包括珊瑚在內的固著性物種的幼體，牠們許多都具有一定程度的游泳能力，並能控制自身在水柱中的垂直運動，在一定程度上調節自身的散布範圍。各物種的幼體在水中停留的時間長短有很大的差異，魚類和珊瑚通常為兩到四週。機動性較強的幼體，像是擬刺尾鯛（surgeonfish）的魚苗，可以持續游動近兩百小時，距離長達數十公里。在幼體階段，這些浮游動物可能會隨著水流移動數百公里，此外也有證據顯示，在某些狀況下，有些物種可以大幅延長這一浮游階段，比方說在沒有發現合適的定居基質，或是食物非常稀缺時，牠們可能會進入休眠期直到情況好轉。這個休眠階段可能會持續數月——有些甚至進入「幾乎永生」的狀態。這對珊瑚礁物種的擴散影響甚巨。

浮游性幼體的感覺器官是牠們能否生存的一項重要因素。有許多種類會對重力有所感應，這稱為趨地性（geotaxis）；這些具有強烈地理定向性的幼體會很快定居下來，這種特性的優勢是牠們會定居在親代附近，因此可能是適合牠們生長的棲地，但缺點是散布範圍有限。其他種類則會向上游移動，這有利於長距離的擴散，但會增加進入錯誤棲地的風險——當然，也會增加被捕食的風險。

許多珊瑚礁物種，包括珊瑚幼體，偏好定居在石灰岩上，特別是鈣質紅藻上，牠們使用的是一種化學感應機制。還有一個有趣的因素會吸引某些種類的幼體，那就是聲音，特別是來自珊瑚礁的聲音，這包括碎波以及珊瑚礁動物發出的咔噠聲和啪啪聲；棲息在珊瑚礁的物種會被這些特有的聲音所吸引，進入珊瑚礁棲地，而不是諸如珊瑚礁周圍的廣闊沙地。

從最初的微生物腐爛碎片到肉眼可見的大型生命形式，這些群體共同構成了生命的網路，在當中有的負責固碳，有的負責養分循環，有的則是負責有機物質的傳送。

與其他微生物的共生關係

在珊瑚礁中，除了主要的珊瑚—共生藻共生關係外，在很多不同生命形式間還有其他的共生關係，這些也是物質和能量轉移的關鍵組成。海綿就是一個很好的例子，一些科學家認為牠們就是共生體的群聚。海綿動物自身建構出一框架，這是一種古老的多細胞生命形式，但若是少了牠們的共生體，海綿可能根本無法存在。絕大多數的淺礁海綿都含有大量共生或共棲（commensal）的藻類和細菌，尤其是藍藻，在海綿的細胞內和細胞間隙中都有。多細胞藻類，特別是紅藻和綠藻，顯然也與海綿有所關聯。不過，對海綿來說，最重要的共生體同樣也是微生物，當中有許多種類會從水中固氮，對取得這類關鍵營養物質非常重要。在某些深度和如加勒比海的某些地區，海綿所占據的基質與珊瑚一樣多，就這點來看，顯然牠們對珊瑚礁生態的重要性足以與珊瑚相提並論。共生體會提高海綿的許多能力，舉凡生長、從水柱中捕獲顆粒、穩定鬆散基質，以及因物種不同而鑽入珊瑚礁造成生物侵蝕。共生對海綿是一種很重要的機制，就和珊瑚一樣，這可以強化養分循環和氣體代謝，還能提高光合作用生產率。有些海綿甚至還受益於某些具有高毒性的藍藻，這能幫助海綿抵禦掠食者的侵害——事實上，一些加勒比海的海綿甚至對人體皮膚是有毒的。

細菌在珊瑚的黏液層中形成共生關係，除此之外，還有更多細菌是生活在珊瑚的組織中。目前研究人員已經培養出當中某些種類的細菌，不過隨著DNA檢測技術的問世，現在對細菌的多樣性和豐富度得以有更深入的認識。只需要取得少量的珊瑚樣本來進行分析，就可以從中找出數百種不同的細菌種類，其中大約一半似乎是新新種，而且估計還有數千種不同的種類。在任一區域的共生菌多樣性可能與珊瑚本身的多樣性成正比，目前發現在高緯度的珊瑚礁區的共生菌種類就比靠近赤道地區的來得少。古菌群體成員的多樣性可能也是呈現這樣的趨勢，這些微生物與細菌大不相同，有報告指出，在每平方公分的珊瑚表面上其密度可能高達好幾千萬。目前對其所知甚少，也不確定這些微生物在提供珊瑚礁動力的食物鏈中的角色。然而，就牠們龐大的數量和普遍存在的特性來看，顯然在其中扮演著舉足輕重的角色。

海藻的生產力

在健康的珊瑚礁上，不太容易見到在陸地和冷水海域中常見的大型「植物」，而且驅動珊瑚礁系統的能量途徑大半都牽涉到微生物。主要的例外是小型絲狀藻類，這些綠色藻類主要生長在珊瑚和軟珊瑚之間，是草食性魚類的主要食物來源。不管在哪種水域，這些海藻的生長都十分迅速，但在健康的珊瑚礁上通常不會看到太多，因為在那裡草食性魚類、海膽和其他動物消耗這些藻類的速度可媲美其生長速度。在每個時刻的生物量看似可能很少，但實際上周轉率非常快。這可透過一個簡單的實驗展現，只要在一處珊瑚礁區放上網籠，阻絕這些啃食海草的動物即可。在這些站點，基質很快就會被主要是絲狀藻的大量海藻所覆蓋。這也證明了在這條食物鏈中物質和能量之間明顯的傳輸關係。這些「草皮般的海藻」，又稱藻床，也是許多其他生物的主要棲地。

這些微型生物的更迭速度非常快。說珊瑚礁是由這些生物來提供動力並不算是過分簡化。生物學家布魯斯・海秋（Bruce Hatcher）在提到這片珊瑚薄層和其中的微生物組成時，曾這樣描述：

珊瑚礁是巨大的石灰岩結構，表面上覆蓋著一層薄薄的、活生生的有機材料——但這是多麼薄的一層！珊瑚礁（對人類和自然界其他部分）所提供的一切有益用處都來自於這層有機薄膜，若是就其生物量或含碳量來說，這大約相當於是在每平方公尺的礁石上塗抹一大罐花生醬（或麵包抹醬）。

在任何一個時間點，珊瑚礁上的活體有機組織的數量不一定很多，但會以很快的速度更新汰換。

第六章

珊瑚礁魚類和其他主要掠食者

水中萬花筒

在造訪健康珊瑚礁的浮潛者或潛水員眼中，立即的印象可能是那裡有大量的魚，而且形狀、大小和顏色各異。有些非常膽小，特別是那些體型小的魚，牠們絕不會冒險遠離具有保護作用的珊瑚分枝，而另一些，例如鸚嘴魚，則是成群結隊地聚集在珊瑚礁上，從死礁岩和活珊瑚上刮取藻類和其他食物。在沒有人前去漁撈的珊瑚礁區，會有數以千計的魚在珊瑚礁的上方盤旋。在海洋中沒有其他的自然棲地足以媲美，展現出這樣多樣性和豐富度的魚類。顯然地，那裡有強大的驅動力，導致這些不同大小和體型的眾多物種增加擴散。許多魚類也成為沿海社區的食物來源。

許多小型物種具有珊瑚專性（coral obligates），這是指牠們只能生活在特定種類的珊瑚中，或是只能以特定種類的珊瑚為食，尤其是分枝形的。這自然會限制牠們的整體豐富度和分布範圍。當牠們賴以生存的珊瑚死亡時，這些具有專一性的魚類會最先出現族群崩毀。任何特定魚類與珊瑚礁的連結可能或多或少都是永久性的，或者是在其生命週期的某一階段只能生活在某種珊瑚附近，這現象可能是來自於食物來源或棲地條件的限制。

就跟珊瑚一樣，地理因素對珊瑚礁魚類的多樣性模式也有重大影響：首先要提的是在加勒比海地區的生物群聚非常不同，而在東南亞海域的物種又比東太平洋多得多。在紅海這類相對孤立的地區，有許多特有種，在該地區以外的其他水域都找不到，而有些物種則遍布整個海洋。魚類的多樣性也展現出隨緯度變化的模式。此外，在任何一處的珊瑚礁，魚類的多樣性會隨著珊瑚礁的整體複雜度或粗糙度而增加。一般來說，棲地的地形越複雜，能夠利用的魚類群聚就越複雜和多變。同樣地，與珊瑚一樣，各物種也發展出對不同深度的適應，一些會在淺海的波浪區繁衍生息，也有不少需要大片沙地來覓食，還有一些則被限制在更深的區域。與珊瑚一樣，大多數魚類物種喜歡中等深度，而大型的掠食者則縱橫在各種深度捕食。

珊瑚礁魚類的攝食生態

在珊瑚礁這樣一個複合體上發現有成千上百種的魚類，牠們展現出各式各樣的攝食類型，而且通常是從一種級別變成另一階。在人類的思維架構中，偏好將特定物種歸類為草食性或肉食性，不過有許多物種都跨越這些典型的界限。有些科的魚類算是具有一致的攝食習性（例如大多數的鯊魚物種），但在其他更大的科中，例如鸚嘴魚和瀨魚（wrasse），則包含有各類食性的魚種，從吃食浮游生物到腐食性、草食性、捕食軟體動物等等。同一物種在不同海域也可能展現出不同的食性。魚類的體型大小本身並不是其營養狀況的可靠指標。有些肉食性魚類只有幾公分長，而體型最大的鯨鯊卻是靠浮游動物為主食。

食用碎屑的魚類非常多；碎屑集中在海床上，主要夾雜在絲狀藻類或草皮般的藻床中，這裡便是碎屑處理過程主要發生的地方。因為當中富含有機物質，所以那裡成為以碎屑為食的魚類的主要覓食地點。在藻床中，碎屑的有機物質含量可能達到八成，營養價值甚至超越藻類。從有孔蟲到魚糞，藻床中富含有機物質。有好幾個科的魚類都是以這種混合物為食，在大堡礁，這些魚類約占全部魚種的二成，而那片棲地魚類的總生物量中有近一半都是這類魚。鸚嘴魚這類會守候在這裡覓食的魚類極其顯眼，有時會成群結隊地在海底覓食。

以浮游生物為食的魚類也很常見。其中最小的是有「浮游生物採集者」稱號的魚，牠們會懸浮在孔洞上方幾公分處，伺機捕抓一隻隻的大型浮游動物。由於多數浮游動物通常是在黃昏出現，在白天後返回裂縫中，因此許多以牠們為食的魚都是夜行性的，最明顯的特徵就是牠們那一雙大眼睛。在已知的超小型魚中，正小磨鰕虎（*Trimmaton nanus*）——性成熟時體長只有八公釐——也是掠食性的浮游生物採集者。

草食性魚類的多樣性相當高，可能占現有物種總數的四分之一，整體生物量也相當可觀。由於牠們的植物性食物需要光線，因此這些魚大多生活在光線充足的淺水區。鸚嘴魚這類刮食和啃食的草食性動物長有強壯的喙，在攝取有機物質時也會攝取大量的碳酸鈣；這種刮下來的碳酸鈣可能占牠們總攝取量的四分之三，這對牠們的消化很重要。事實上，在吸取養分後，牠們排放出來的排泄物構成了珊瑚礁區絕大部分的沙子——一條大型鸚嘴魚每年可以生產高達一噸的珊瑚沙，一群體型較小的鸚嘴魚的產沙量更是遠超過這個數字，而這全來自於牠們在珊瑚礁上的刮食行為。這當然對珊瑚礁造成可觀的生物侵蝕，但這些刮食性魚類對珊瑚礁的結構也很重要。遭到刮食摩擦的區域很快就會有底棲生物來定居，其中包括至關重要的珊瑚幼體，牠們將繼續形成新一代珊瑚。

由於藻床中含有很多微生物，以其為食的魚類肯定不是純草食性動物。一些魚類偏愛某些藻類，而其他魚類的食性更廣。例如雀鯛科（Pomacentridae）這一大類家族中的幾種雀鯛，在牠們偏好的幾塊區域中會展現出強大的領域性，力守住自己所占的幾平方公尺地盤，抵禦其他魚類入侵。牠們的行為與食性密切相關。有一次，我在測量珊瑚時，以鋼夾當作標示，幾隻雀鯛迅速將其中幾個鋼夾視為自己區塊的中心，在三個月後，我返回測量珊瑚覆蓋率和再生率時，發現雀鯛正在「養護」我這些實驗區域，現在它們完全被藻類所覆蓋。事實上，牠們甚至還試圖阻撓我進入——這些小魚天性無所畏懼，儘管牠們根本比不過一群成群結隊穿過該區的鸚嘴魚。還有一些草食性魚類，像是那些吃碎屑的腐食性魚類，會在大片區域覓食，有些甚至會在珊瑚礁和鄰近沙地間展現出遷徙模式，可能是晝夜遷移，也可能與其繁殖週期有關。儘管藻類的周轉率可能非常高，但在任一刻，由於持續遭到魚類啃食，常備存量或生物量通常都很低。

相較於其他魚類對食物的專一性，以無脊椎動物為食的魚類，包括雜食性魚類在內，會吃掉大部分牠們能找到的東西。要捕食生活在沙子表面下的無脊椎動物，需要非常不同的技能和覓食設備，這與那些只要咀嚼死去珊瑚礁岩上附著的表面生物大不相同，因此這些魚類展現出非常不同的適應演變。屬於鬚鯛科（Mullidae）的鮎魚（goatfish）會使用下顎下方的一對敏感觸鬚（觸角），在沙子中覓食，牠們可以用這些觸鬚來感知獵物。還有許多魚長有一張形狀特殊的嘴巴，足以咬住石礫中的獵物。魟魚的嘴巴長在頭的下方，會拍動牠們的側翼來攪動沙子，搖出獵物。還有一些魚是以海綿為食，這也需要有專門的消化過程來對付那些有毒的化學物質，以及處理在海綿基質中那些尖銳的矽質或鈣質質地。

有些魚會吃珊瑚，這種特性稱為食珊瑚（corallivores）。最典型的一個例子是非常吸睛的蝴蝶魚（butterflyfish），牠們約占已知存在的一百三十種食珊瑚魚的一半。有些蝴蝶魚只存在於一、兩種珊瑚上，而且發展出細長的嘴形，就是為了方便吸取一隻隻的珊瑚蟲。大約有三分之一的食珊瑚魚完全只以珊瑚為食，從珊瑚蟲和珊瑚黏液中獲取營養，而其餘的魚類在遇到其他無脊椎動物時也不會輕易放過。

在某些珊瑚礁，位於食物鏈頂端的肉食性魚類可能數量最多。在許多腐食性魚類中，有些也是肉食性的，牠們在覓食時會吞食小蠕蟲、甲殼類動物和其他小動物。一些體型較大但出乎意料溫順的鯊魚，例如護士鯊（nurse shark），牠們是以甲殼類動物和軟體動物為食。但大多數捕食魚類的魚，即所謂的食魚動物（piscivores），則是位於食物鏈的最頂端。這些通常是游泳速度最快的魚，因為牠們必須抓住快速移動的獵物。有人認為，在許多獵物型魚類間之所以都展現出成群結隊的共同趨勢，可能是因為群聚有助於讓掠食者困惑，或是為個體提供一種安全保障——就像在非洲大草原的牛羚（wildebeest）群一樣。然而，有些掠食者也會聚集起來：一些金梭魚（barracuda）和鰺科魚（jacks）也會成群結隊地捕食，這可說是珊瑚礁上的經典畫面，游速極快的金梭魚、鰺科魚和其他魚種集結起來「圍捕」牠們的獵物魚群，在捕捉前會先隔離出一些個體。食魚型魚類的掠食模式及其體型就跟其獵物一樣繁雜多變，這當中有種種招數，有的會跟蹤，有的是伏擊，還有的採取出奇制勝這樣狡猾和快速的手法。不過有些動物則是守株待兔型的，好比說石斑魚，就只是在那裡靜靜地等待路過的獵物，這時牠們會快速張開大嘴來，導致水流湧入嘴中，倒楣的目標也隨之入口，遭到吞食（圖14）。

食魚型鯊魚是珊瑚礁上最具視覺衝擊力的獵手之一。牠們具有極其敏銳的嗅覺，還配備能夠偵測水中振動和電訊號的細胞器官，特別是那些來自受傷的魚所

圖 14　一條偽裝的大石斑魚是個懂得埋伏的掠食者，一動也不動地等待小魚靠近牠的大嘴。在洞穴和懸垂的珊瑚下方很常見到牠們的身影。（攝影：Anne Sheppard and Charles Sheppard）

發出的振動和電訊號。鯊魚對珊瑚礁生態的影響甚巨，具有「自上而下」的控制力，就跟許多其他大型肉食性動物群一樣。不過在人類的傳說故事中，鯊魚的地位是無與倫比的，這是因為某些鯊魚物種偶爾會攻擊人類；通常這些攻擊是針對泳者而不是潛水員，除非後者一直在用魚叉捕魚，或是去抓受傷和垂死的魚。

不過，目前全世界的海洋都有傳出鯊魚族群遭到人類可怕破壞的消息，有時是為了食用牠們的肉，但通常只是為了取牠們的鰭，這是一種非常浪費的捕魚方式。在亞洲，魚翅非常受歡迎。每年有一億隻這種高級掠食者遭到捕食，產生了嚴重的生態後果。不幸的是，鯊魚會攻擊人類的想法，離事實相去甚遠，但這種毫無根據的想像卻沒有得到更正。世人對鯊魚及其在生態系中所扮演的重要角色毫無知悉，這一點很值得關注。有一次在中國召開的海洋科學會議上，他們招待我魚翅湯（身為榮譽講者的我拒絕食用，引起了在場賓客的困惑和驚愕）。每年大約有一百起鯊魚襲擊人類的紀錄（相較於遭到人類殺害的鯊魚數量，這僅有百萬分之一），其中約五分之一是致命的。大多數這類鯊魚襲擊事件是發生在冷水區和河口——而不是珊瑚礁水域。

食魚型魚類會捕食其他的肉食性魚類和草食性魚類，所以不能將牠們簡單歸類在食物鏈的同一層中。事實上，珊瑚礁魚類的比例並沒有一個單一的典型結構。以太平洋的金曼礁（Kingman reef）這個魚類生物量最高的珊瑚礁來說，那裡主要的頂級掠食者是鯊魚；而在印度洋的查戈斯（Chagos）群島，大型頂級掠食者則含有許多其他群體，諸如鯛魚、鰺科魚和石斑魚，而那裡的鯊魚則相對少得多。目前尚不清楚造成這種差異的因素中有多少來自於當地的非法捕魚和偷獵，在這兩處海洋確實都有這類情事，因為所有這些魚都是人類非常喜愛的食物。凡是在靠近人類社區的地方，頂級肉食性動物的減少總是最多的，而這會迅速導致生態系的扭曲。移除這些肉食性動物可能會導致「掠食者釋放」（predator-release）效應，也就是牠們的獵物種類的數量會大幅增加，例如草食性動物。然而，實際上草食性魚類也遭到大量捕撈。

雖然說健康的珊瑚礁確實就跟任何生態系統一樣，具有大致類似金字塔的營養結構型態，但當中的魚類組成並不一定具有這種結構。事實上，「魚類金字塔」甚至可能是顛倒過來。然而，關於珊瑚礁的一個重點是，就跟植物生物量一樣，重要的不僅是生物量本身，還要考量生產力或周轉率等因素。快速生長和快速消耗可能導致低生物量而珊瑚礁確實展現出非常快的生活節奏。第二個要點是，由於魚類是流動的，因此許多魚類，包括許多數量豐富的物種，牠們的游動範圍會大過整個珊瑚礁區；牠們可能會越過鄰近的海草和沙床，或是為了追逐成群的獵物而進入深海。魚類之間形成珊瑚礁和鄰近棲地之間的主要聯繫。

要了解珊瑚礁魚類的複雜生態結構，可以利用氮同位素檢測來判定一種魚類的營養階層（trophic level）。營養階層是衡量進食方式的指標，植物為第一級，草食性動物為第二級，肉食性動物為第三級，以這些肉食性動物為食的動物則為第四級，以此類推。你要知道一條魚最近的食物，可以檢查牠的胃內容物，或是簡單地觀察牠的覓食行為。然而，這類觀察時間通常都太短，無法得知牠主要的食性。因此研究人員會使用氮的幾種不同的穩定同位素之間的比值來判定。這樣的比值變化在食物鏈的每一階層間非常微小。大多數的氮是以 15N 的形式存在（也就是原子核中有十五個質子和中子），不過在空氣中，約有千分之四的氮是 14N（這是指原子核中少了一個中子的氮）；這個比例在食物鏈中的每一階會有微小的變化。比方說，若是在食物鏈中草食性動物與肉食性動物的比例改變，15N/14N 的比率也會隨之增加。氮同位素比率在測量上具有這樣的靈敏度，因此已用來判定許多（即使不是大多數的）不處於整數狀態的魚類營養階級，即這一階的動物不完全是草食性，或者是初級或次級性的肉食性動物，好比說營養階層為 1.5，這表示這一階的動物可能主要是草食性，但偶爾也會吃小型無脊椎動物，又或者若是 3.6，則表示這一階是初級肉食性動物的掠食者，但也會捕食相當比例的高級肉食性動物。有些草食性動物在一生中都維持相同的營養階層（即都吃相同的植物），但一些肉食性動物則會隨著成長而改變牠們的飲食習慣，逐漸改吃處於更高營養階層的肉食性動物。以這種方式來量測，可以更準確地描述珊瑚礁生態的運作。

在所有的世界海洋中，魚類與珊瑚健康之間有顯著的相互作用。有些例子很容易理解：若是我們移除以海膽為食的魚類，那麼海膽就會大量增加；海膽會刮食珊瑚岩，這產生的串聯效應可能會造成珊瑚礁嚴重剝蝕。在東非和加勒比海地區的研究就顯示出這樣的效應，俗稱砲彈魚（triggerfish）的魚類在遭到大量捕撈後，減輕了海膽被捕食的壓力，使得海膽數量增加，最後導致藻類減少和珊瑚礁侵蝕。在加勒比海地區，充分研究過當地一種因為疾病爆發而大量死亡的海膽，據信這種病是透過巴拿馬運河傳播到珊瑚礁區，當時幾乎消滅了那裡主要為草食性的刺冠海膽（Diadema）。隨後產生的串聯效應是海藻增加但同時珊瑚減少。在當今珊瑚礁海域過度捕撈問題嚴重的情況下，更要特別注意這種移除掠食者造成獵物型物種捕食壓力減輕的問題，這可能導致藻類爆炸性生長，覆蓋整片珊瑚礁。對於任何變化所產生的種種效應，在地球上可能沒有一個地方比珊瑚礁還要複雜。棘冠海星（starfish）是另一個可以說明這種複雜性的例子，牠們是珊瑚的主要掠食者，在數量激增時就會危及到珊瑚。

五顏六色的棘冠海星是最著名的珊瑚礁殺手，其直徑可達四十公分左右，長有八到二十一條不等的觸手，上面布滿有毒的刺，並散發著各種鮮豔奪目的藍色或紅色調。牠們是一種效率非常高的珊瑚掠食者。在過去曾被認為是一個物種，全都共用棘冠海星（*Acanthaster planci*）的科學學名，但現在認為這一群體至少有四個因為地理隔離而分開的相似種。偶爾會意外地爆發這些海星引起的大屠殺，在大約一個月的時間裡，牠們可以吃掉數百公頃珊瑚礁上的所有珊瑚。牠們進食時會將身體蜷縮在一個相對平坦的團塊形珊瑚上，或是將自己捲曲在鹿角軸孔珊瑚的分枝上，然後擠壓牠們的胃，溶解下方所有的珊瑚組織，並吸回消化過的東西，然後移動到下一個地方。在這樣的海星瘟疫中，每平方公尺可能會有幾隻海星，而整個族群量可達數千萬（圖15）。

在自然界，棘冠海星的分布範圍從紅海西部一直延伸到美洲的巴拿馬，但並不會出現在加勒比海地區。在大多數珊瑚礁上，偶爾會見到成年的棘冠海星。然而，目前紀錄中已經最早的海星瘟疫大爆發事件，分別是在一九五七年的日本海

圖 15　棘冠海星大瘟疫，牠們正在啃食分枝珊瑚。明亮的（白色）珊瑚是完全被牠們消化後的組織（右前方的珊瑚是下一個！）。（攝影：Anne Sheppard and Charles Sheppard）

域以及一九六二年的大堡礁；自那以後，爆發的報告變得越來越頻繁。出於某種原因，這些海星偶爾就會大量湧現，從更深的水域移動到珊瑚礁，幾乎吃盡牠們所能碰觸到的每一個珊瑚（甚至還會出現一些自相殘殺的行為）。然後當吃乾抹淨後，又突然消失，徒留一大片光禿禿的白色珊瑚骨架。在經過一、兩週後，絲狀藻類會進駐這些死去的珊瑚骨架，這時顏色變暗，也會有動物來這挖洞、挖隧道和鑽孔，迅速利用這個新棲地。

珊瑚需要幾年的時間才能從海星瘟疫中恢復。再加上珊瑚承受的其他壓力，這些海星瘟疫大幅減少珊瑚礁的穩定性和持久性，有時甚至會對珊瑚礁未來幾年的生態存在造成影響。

棘冠海星數量大爆發的原因有很多。有時是因為來自汙水或農田廢水的養分流量增加，這為牠們早期生命階段的幼體提供了浮游食物，這似乎是一項因素，至少在某些地方是如此。海星幼體最初隱身在其中，以珊瑚的共生藻為食，但在轉為成體後，就開始啃食珊瑚。關於其族群量爆炸的原因，還有人提出一些其他假設，比方說掠食他們的物種遭到過度捕撈，包括大型梭尾螺（Triton）這類腹足類軟體動物，牠們因其迷人的外殼而遭到大量採集。還有人提出在達到一個密度閾值後，海星會透過荷爾蒙或化學訊號的交換來引發數量激增，並且從深海區遷移到珊瑚礁。也有證據顯示，海星成體在珊瑚礁所排出的化學物質會順流而來被其他大量成體感應到，因此蜂擁而至，也跟來珊瑚礁區。

在各種海星族群爆發後，管理單位嘗試過很多控制方法，不過大多數情況都沒有用，這些措施不是不夠，就是太遲了。單純地切開海星只會讓情況變得更糟，因為有許多成體海星可以再度長回原來的個體，反而造成增生。現在首選的方法是以人工採集，或是注入有毒化學物質，不過這些方法非常耗費人力，而且效率很低。各地紛紛祭出這些救亡圖存的辦法，恰恰反映出遏止這些海星瘟疫的破壞有多急迫，讓人只好抱持孤注一擲的絕望在嘗試。例如，這些方法可能最適合在具有經濟價值的旅遊景點附近嘗試，但在大堡礁部分地區幾乎不起任何效果，難以抵禦一波波前來的海星浪潮。要預測海星族群爆發也很困難，因為牠們的幼體可以漂浮數千公里。

魚類共生

不同種類的魚類演化出共同的生活模式，甚或是與差異很大的無脊椎動物發展出互惠的生活，這其間的方式不計其數——而且也很耐人尋味。有些在我們看來似乎很詭異：珍珠魚（pearlfish）這個名字很有吸引力的物種卻生活在一個不太吸引人的棲地：海參體內，而且牠們是從海參的肛門進出。獲得庇護是這類珍珠魚在這關係中的主要益處，但海參似乎不太可能獲得相對的利益。蝦虎（gobies）這種小魚和共用一個洞穴的蝦之間的關係似乎比較能引起我們的共鳴。蝦負責挖洞，魚則負責站崗，在進行挖掘工程時會以甩動尾巴的方式來警告蝦有危險靠近。

不過珊瑚礁上最具標誌性的共生關係也許是小丑魚（clownfish）和海葵（sea anemones）這一組合。在印度洋—太平洋地區，有二十八種的海葵魚（anemone fish）會與大約十種不同的海葵共生（圖16），但加勒比海地區則沒有發現。其中一些小丑魚具有專一性，只會與特定海葵發展出共生關係，而另一些魚則會適應環境，能以所有種類的海葵當作家園。海葵觸手上長有刺細胞，但這些共生魚能夠避免被螫和殺死。對此科學家提出了好幾種假設來解釋其中的機制：小丑魚可能會散發出一種抑制刺

圖 16　海葵魚，因其醒目顏色而常被稱為小丑魚，牠們與海葵發展出一種非凡的共生方式。（攝影：Anne Sheppard and Charles Sheppard）

細胞觸發的化學物質，或者是小丑魚藉由不斷擺動，可能將海葵分泌的化學物質轉移到自己的身體上，這樣在海葵的感知中，就會將魚視為身體的一部分——畢竟，一隻觸手是不會去攻擊另一隻觸手的。海葵保護小丑魚的回報是獲得更多的食物，包括魚糞。海葵體內的共生藻肯定會受惠於這些魚糞；所有展現出這類共生關係的海葵中都含有共生藻。小丑魚的存在也增加了海葵觸手展開與運作的時間比例，因此對雙方都獲得多重好處。

最後一個特別有趣的例子是在不同魚類間的共生關係。在珊瑚礁上，有一處「清潔站」，體型較大的掠食性魚類會排成一排，讓負責清理的小魚清除掉那些感染牠們皮膚、鰓甚至嘴中的寄生蟲。這種清潔站通常位於礁石上的固定位置，想要被整頓一番的魚會擺出特殊姿勢來吸引清潔工的注意。小清潔魚只會啃食死去的組織或寄生蟲，掠食性魚類也不會吃清潔魚。不過，在珊瑚礁上什麼伎倆都有：另一種外型看似清潔工的魚，但名字絕對不可能會混淆的三帶盾齒鳚（*Aspidontus taeniatus*），是一種會模仿清潔魚的擬態動物，牠們會裝模作樣地在清潔站等候大魚，但有客人上門時，非但不會提供任何清潔服務，反而趁機從大魚身上咬下一大塊肉，好比說牠的鰓。自然而然地，這會造成大型掠食性魚類的卻步。這三者展現出的族群平衡十分有趣，堪稱範例，因為三帶盾齒鳚的數量永遠不會太多，否則就不會再有大魚前來讓小魚清理。

珊瑚礁魚類的生物量、生產力和漁業

鑑於珊瑚礁魚類對許多人類社群的重要性，有個重要的問題是：單就魚類來看，珊瑚礁棲地的生產力是多少？或者說，在不損害這套生態系統的情況下，到底可以捕捉多少魚？由於珊瑚礁目前已遭到大量捕撈，因此很難準確估計未受破壞的珊瑚礁的實際可能狀態。其中一種方式是去測量珊瑚礁魚類的生物量。

在地球上較為貧瘠的水域，像是西印度洋的一些區域，幾十年來一直維持禁魚狀態，因此有人認為那裡的珊瑚礁魚類生物量或許可以反映管理良好的珊瑚礁所能支持的魚類的真實數量。不過最近的一項研究顯示這似乎行不通，這項研究檢視了從八世紀到十四世紀間斯瓦希里（Swahili）的廚餘貝塚，以此研判過去的歷史漁獲，結果發現幾個世紀前的物種組成不可能與今日的相同。就以肯亞的珊瑚礁水域為例，即使這些區域的保護相對完善，但隨著鄰近人口族群的增加，長時間下來依舊造成珊瑚礁魚類組成的巨大變化。儘管這些地點現在受到保護，但一些管理最佳的珊瑚礁區域仍然顯示出明顯的變化和魚類種群的枯竭，因此並無法從中得知珊瑚礁魚類種群真正的「原始」數量。沒人知道幾千年前在最佳假設的條件下，可能存在多少魚？

幾位研究人員以標準化的方式來評估世界各地的珊瑚礁魚類生物量，他們著重在九到十公尺深處這個理當相當豐富的區域。大多數測量地點的珊瑚礁魚類的生物量約在每公頃一千公斤或更少。在管理不當的珊瑚礁，每公頃可能只有大約兩百到四百公斤的魚類數量。在附近有人居住的印度洋，即使是管理最完善的海洋保護區，生物量也很少超過每公頃一千五百公斤左右。在許多國家，指定為珊瑚礁保護區水域的魚類生物量實際上並沒有比指定捕魚作業區來得大，這顯示這些保護區域只是徒具虛名。在整個太平洋也發生同樣的情況。目前在世界上只發現少數幾個珊瑚礁魚類生物量超越那些在附近有人類居住但管理完善的保護區。其中最豐富的要屬幾乎無人居住的查戈斯群島（Chagos Archipelago），多年來這座群島一直沒有大量捕撈的漁業活動，在九公尺深處的生物量每公頃超過七千五百公斤，是其他地方發現的最大生物量的六倍，更是比在這片海洋中過度開發的珊瑚礁水域的生物量高出一百倍。在其他兩大海洋盆地也發現類似的高生物量，一處是太平洋的金曼環礁（Kingman atoll），另一處是墨西哥在加勒比海一側的科蘇梅爾（Cozumel）。值得注意的是，這兩處的捕魚活動也很少。在夏威夷島鏈中，生物量在有人居住的島嶼附近約為每公頃五百到一千公斤，在人煙罕至的地區則上升到三千公斤，在一個特別偏遠的地區，甚至高達每公頃四千五百公斤，在所有測量的站點，生物量較高水域的頂級掠食者（如鯊魚或石斑魚）也最多。

就構成生物量的魚類種類來看，生物量最高的三個地點之間存在差異。例如，金曼和夏威夷最豐富的站點就擁有非常高的鯊魚生物量，遠遠超過總體生物量更高的查戈斯群島。無論如何，這些調查所傳達的訊息非常明確：只要有捕魚活動，魚類生物量就會嚴重下降；在捕撈量很少的水域則達到高豐富度。

在許多魚類族群數量的補充上，必須要考量魚類生理學的一個面向：成年雌魚體型越大，產卵量就越多。這一點可能對多數人來說是顯而易見的，不過這裡特別要指出的重點是，產卵量的增加並不是線性的。讓我們以一個假設來說明，一隻十公斤重的雌魚每年可能產下數百萬顆卵，但在同一物種中，十條一公斤重的雌魚每年只能產下幾千顆卵。但我們也知道大魚的價錢比較好，因此可以立即看出這當中的問題，移除生態系中體型最大的魚所造成的損害是會呈指數級增長的。在此我要特別強調，不應該責怪那些靠捕魚維持生計的人，他們就是在捕撈他們所能捕獲的；對於這些人來說，捕魚通常攸關生存。先撇開這點不談，值得注意的是，即使只是最適度的捕撈，這樣的強度也很快會導致生態系統的嚴重扭曲。在曾經是保護區但後來允許捕魚的水域，生態系統在短短幾週內就發生崩毀。

捕魚是一個容易引起爭論的議題，因為考慮到有些人捕魚是為了維持足以溫飽的生計，但如果我們要針對過度捕撈問題採取行動，就必須徹底了解情況。經常有人聲稱，當地漁民採行的是永續的捕魚方式。對此我已經挑戰過許多人，要求他們提出在珊瑚礁水域漁業活躍處還依舊可維持每公頃五千公斤以上高生物量的例子。況且，已經有數不盡的「永續漁業」案例展現出他們僅能維持水域極度枯竭的狀態。由於目前糧食安全問題變得極為重要，因此恢復魚類豐富度和生產力的重要性也變得與日俱增。

之所以會展開上述一些研究，有部分原因就是認為捕魚是對珊瑚礁最普遍的一項威脅，因為魚類在珊瑚礁系統中具有重要作用。由於在珊瑚礁水域捕魚對許多人來說既是生存所需，也是他們取得營養的必要途徑，目前已接受捕魚是一種基本追求，一項必要之惡。結果就產生了所謂的「捕撈差距」（exploitation gap），有查戈斯、金曼和科蘇梅爾等部分地區的高生物量／生產力，以及幾乎在其他水域都可找到的低生物量水域（缺乏大型、可繁殖的成魚）。但是據我所知，有一奇怪的事實，那就是幾乎沒有任何地區的魚類生物量是介於每公頃兩千五百至五千公斤。唯一一個記錄到的例外，據悉是在夏威夷島鏈中，否則目前的世界海洋就是處於這樣的兩極化狀態，在少數幾個罕見的水域有高生物量，而在其他遭到捕撈的珊瑚礁域，生物量幾乎偏低，這現象幾乎成了海洋中的常態。

第七章

珊瑚礁的區域規模壓力

珊瑚礁的一項基本特徵是其組成成員間有大量連結，彼此環環相扣，這來自於當中的高度生物多樣性。在任一生態系中，隨著物種數量增加，彼此間的連結也會增加，而且連結的增長速度遠快於物種數量。這種連結也會被打破，就跟物種遭到破壞一樣。珊瑚礁生態系是由數量龐大的物種和連結所組成的，這一特點到底會增加這個系統抵禦外部壓力的抗壓性，還是反而變得更脆弱？長久以來這個問題不斷被討論。答案必定是「兩者皆具」，這取決於我們所討論的是珊瑚礁系統的哪個層面以及個別珊瑚礁的地理位置和確切壓力。

珊瑚礁在一定程度上確實可以抵抗破壞。「備用」（redundancy）的概念特別適合用來解釋這一點。讓我們先以飛機來打個比方，在像客機這樣的複雜機器中，必定會重複配置幾組關鍵的零件和系統，以免在任何一個故障時，還有逃過一劫的機會。我們同樣可以以備用的觀點來檢視珊瑚礁生態系。就拿加勒比海的綠鸚鯛（*Sparisoma viride*）來說，這是一種極為重要的草食性動物，目前已發現在牠們遭到過度捕撈的地方，沒有其他魚類可以充分取代牠們的地位，特別是當海膽這類無脊椎食性物種也被移除時，這時藻類會覆蓋一切，珊瑚礁就出現剝蝕。在這套海洋的「放牧系統」（grazing system）中，並沒有備用物種可以上場，因此嚴重危及到這裡瑚礁礁的完整性，就這方面來說，珊瑚礁顯得很脆弱。

然而，在印度洋或太平洋的環礁潟湖中，可能會有大範圍的鹿角軸孔珊瑚遭到疾病肆虐，但還有其他十幾種鹿角軸孔珊瑚伺機而動，可能很快就會取而代之，彌補空缺。這裡的礁石持續維持珊瑚礁的狀態。在這套系統中，珊瑚的備用度很高，因此單就這個組件而言，珊瑚礁是健壯的。不同類型的衝擊會帶來不同的後果。此外，造成珊瑚礁死亡的一項特定衝擊不見得會阻礙其後續恢復，因此珊瑚礁在這兩個方面都需要有備用度，才能在一次衝擊後存活下去。

然而，壓力種類繁多，而且還在持續增加，這對珊瑚礁造成普遍的危害，而對人類來說這也是一項非常重要的問題。幾千年來，珊瑚礁不僅提供食物，還保護海岸，將海岸線穩定，近來還提供了藥物和旅遊業的收益，促成資金從富裕的地方轉移到一些最貧窮的地方。許多國家完全是由珊瑚礁組成，另外還有更多國家受到珊瑚礁的庇蔭，保護其部分國土，其中一些國家的人口非常稠密。在整個第四紀（Quaternary Period）期間，儘管冰河消長多變，但珊瑚礁都存活了下來。自上一次冰河期結束後，地球就進入全新世（Holocene），但最近有人提議，就人類對環境的影響如此重大這一點來看，應該將這個時代重新命名為人類世（Anthropocene），因為人類活動的影響已經達到地質尺度。比方說，我們現在造成的地表沉積物的移動比上一個冰河時期地球上所有的河流和冰川所造成的移動還要多。

目前對於人類世應該從什麼時候開始算起有一些意見分歧，也許可訂在工業革命，或者是在幾十年前氣候開始發生顯著變化的時候。還有人說應該從兩千年前開始，因為隨著古代大城市的發展，人類開始在土地上耕種，人口增長到超過原本土地所能承受而棄城離去，這時已經造成環境的巨大變化。若是覺得這種說法似乎太誇張，只要去看看許多沿海地區堆積的海龜和軟體動物殼，例如佛羅里達州的龜灘（Turtle Mound）——實際上那裡堆積的是約三萬立方公尺的牡蠣殼，還有幾個阿拉伯國家的大型海龜殼堆，像是在阿曼和一些紅海中的島嶼，這些地方都證明了數千年前人類採集捕撈的海洋生物數量真的非常龐大。

不論人類世是從何時開始，重點在於人類現在對珊瑚礁造成的影響已經相當大了，甚至超越過去幾千年來珊瑚礁經歷的所有變化，而這個影響持續進行中。現在還有許多其他棲地也處於類似的處境，不過長期以來一直認為珊瑚礁好比是石蕊試紙，或是煤礦坑中的金絲雀，能夠預示地球系統將會發生重大而有害的變化。我們的地球上的主要生態系統正在遭受不當使用，這已然威脅到其存續。這樣的說法並不誇張：目前有超過三分之一年齡介於五十到一百年的珊瑚礁基本上已經死亡，另外四分之一甚至三分之一（視地區而定）則處於危急狀態；只有大約四分之一保持在健康狀態。

造成珊瑚礁衰退的原因很多樣，基本上可分為兩大類：一類是由各種不同的衝擊所造成，通常是地方性的影響，例如不同形式的汙染、過度捕撈和海岸線開發造成的大量沉積物；另一類則是近來注意到的與氣候變遷相關的長期因素，這些可能會產生更嚴重的後果。最終，所有這些因素都是相互連結的，而且全都是由人類活動引起的。此外，在這些因素中，有許多會同時發生，而每一項又會加劇其他因素的負面效應。這些效應光是累加起來就已經夠糟了，但組合在一起時，各自的效應通常還會倍增，這代表它們產生的效應可能具有協同作用（synergistic）。

地方壓力

汙水和徑流

長久以來，一個主要的當地影響來自大量的養分。珊瑚礁非常適合生活在養分偏低的環境中，但汙水和含有農場肥料的徑流增加了很多無機物，尤其是肥料中的氮和磷化合物，這導致藻類的生長旺盛。不幸的是，這些藻類多半不是草食性動物偏好的種類，因此藻類茁壯成長，贏過那些生長速度緩慢的珊瑚和軟珊瑚。勝出的海藻會占據空間，不僅長得比珊瑚快，還遮擋住牠們所需的光線。在過去五十年間，有數不盡的珊瑚礁就因此崩毀了，許多以前的珊瑚礁現在淪為長滿藻類的石灰岩平台，上面一點珊瑚也沒有。此外，這類汙染可能還會直接抑制珊瑚的生長，因為磷酸鹽對珊瑚的鈣化過程有抑制作用。溶液中磷酸鹽濃度只要高於一微莫耳（micromolar）就會抑制珊瑚的鈣化和生長。

浮游生物的刺激也同樣重要：水中的浮游生物越多，就表示能夠穿透到海底進行光合作用的光線越少。目前還發現汙水和其他生物的關聯性，前文提到的棘冠海星就是一個例子，因為無論是來自汙水還是來自施肥田地的農業徑流，它們在海中增加的營養物質都會刺激浮游植物生長，這可能會增加棘冠海星這種掠食者的幼體存活率。

填海造陸、疏浚和沉積物

填海造陸和疏浚對珊瑚礁產生的影響是局部的，但極為嚴重。填海造陸最明顯的後果就是直接掩埋掉珊瑚礁，而且現在已經有許多地方是將連續的裙礁，或是一系列的離岸小珊瑚礁，全都埋在防波堤的混凝土下。裙礁區一片平坦，而且水位非常淺，又靠近海邊，因此成了一塊非常理想的不動產，能夠在其上大興土木。不幸的是，當一公頃的沿海珊瑚礁不再是珊瑚礁時，其價格（不是價值！）會大幅飆升（同樣的情況也發生在海草床和紅樹林）。這不是什麼異想天開的天方夜譚，現在的波斯灣就是活生生的例證，在靠阿拉伯這一側，約有一半是填海造陸得來的土地，這背後是海洋棲地的巨大損失，包括該區域的珊瑚礁、海草床和紅樹林，所有這些地方都是海洋物種的幼體孵化場。目前世界上有許多其他地方也在進行類似的填海造陸開發。

加劇這種情況的一個主要問題是觀感和經濟。在這方面，用字遣詞這類看似簡單的問題其實非常重要，好比說允許海岸工程師「開墾」珊瑚礁地區，但實際上他們根本不是在「開墾」，而是在「占據」一塊現有的海洋生態系。這樣的工程應該要用「填海造陸」或「珊瑚礁填埋」來描述會更為準確。這問題的背後其實就是單純的經濟學。一切都以會計報表為依歸的下場就是如此，例如，像開發公司或是港務局這類主管機關，他們只會看到自身直接付出的花費——他們出的勞動力、混凝土和用於將生物棲地轉變為混凝土建築地基的設備（當然，他們使用的語彙是「發展」而不是「轉變」）。在這些計算中不會將更廣泛的成本納入考量，而是直接忽略，諸如魚類幼體成長水域的維護以及提供遭到邊緣化的村民充足的食物，或是移除掉健康珊瑚礁原本提供的海岸線免費保護的代價，這對許多熱帶國家來說特別重要。許多熱帶國家正在用填海造陸的方式來形成大片土地。一位來自巴林的同事甚至稱他的國家是唯一不再擁有海岸線的島嶼，因為在島上幾乎沒有一處海岸呈現自然狀態。問題是，人類確實需要這種自然狀態來提供許多不同的「服務」。

這種填海造陸的負面效應通常是三重的，因為用來填埋的材料可能是就地取材，直接從鄰近的棲地挖來（這種工法通常誤稱為「借土坑」〔borrow pit〕，但這裡的「借用」和一般的含義有很大的出入，用了之後不會再「歸還」），因此連帶毀壞了鄰近棲地。由此產生的掩埋珊瑚礁則冠上「土壤改良」（soil improvement）的稱號，這一詞當然是從建造者有限的視野來看待。此外，進行工程時總是可以在疏濬處下游數公里處看到沉積物流動的羽流，這些淤泥會覆蓋更遠的棲地，而珊瑚對沉積物特別敏感。確實有針對這類工程的汙染防治方法，例如在源頭和疏浚裝置周圍裝置篩網，但這些設備都很昂貴，通常會是為了節省成本而犧牲的第一個項目。這種熱帶海岸線的改變活動所造成的生態「足跡」總是遠遠超出開發案現場，儘管今日大多數這類開發案理當都遵守某種類型的環境影響評估，並採行減輕損害的工法。

要量化沉積物對珊瑚的影響並不容易。負責任的工程師會想辦法找到一個簡單的測量方法，衡量會傷害珊瑚礁的因子，但在實際執行上相當困難，因為珊瑚礁中可能有數百種珊瑚和軟珊瑚，每種珊瑚對沉積物的敏感度有很大的差異，也對懸浮泥沙引起的光遮蔽有不同反應。而這兩種影響又具有協同作用。大多數珊瑚在一定程度上可以主動擺脫沉積物，但這需要消耗能量，而這些能量主要來自體內的光合作用，偏偏這時水中沉積物對光的遮蔽最大。此外，珊瑚群聚的形狀也是一項重要因素：開放的格形分枝型態比較不會積累沉積物，因此受到的衝擊比葉片形珊瑚來得輕微。現在我們知道，珊瑚礁周邊的水域通常是清澈的，珊瑚通常可以適應每公升約五毫克或濃度更低的沉積物。然而，海岸線開挖可能會增加十倍沉積物；光是增加四倍就足以導致許多珊瑚物種死亡。雖然所有物種都可以忍受短暫的高濃度狀態，好比說暴風雨等自然事件所引起的擾動，但在大型建設的工程期間，會讓牠們長時間暴露在大幅升高的沉積物濃度中，這往往會造成珊瑚礁大面積的死亡，影響範圍達好幾平方公里。

這類活動在地方有許多更顯著的衝擊。船錨會造成嚴重破壞，在一些受歡迎的休閒遊輪景點，例如加勒比海，光是錨泊就已經摧毀了中等大小島嶼周遭的整片珊瑚礁。這背後的原因很簡單，船錨會拖曳，即使不拖曳，船身也會造成鏈條擺動，將珊瑚碾成碎石。就算只是小型休閒遊艇，每次錨落也能殺死方圓幾十平方公尺的珊瑚礁。繫泊浮標為這個問題帶來一個簡單的解決方案，但目前還沒有普遍使用。

化學物質和金屬

排放到海中的工業衍生化學物質一直在增加。工業製程中使用的許多化學物質、有機化合物和幾種金屬都會直接產生劇毒。即使濃度很低，也可以在食物鏈中隨著階層提高而不斷積累，可能導致頂級掠食者死亡或遭受生理損傷。這所產生的效應，包括失去生育能力、生長緩慢，甚至還會在某些物種身上產生奇怪的效應，例如變性。有些汙染物會積聚在脂肪組織中，另一些可能影響到神經系統或肝功能。這些效應的影響範圍廣大，而且多年來也已經針對這個主題進行廣泛研究。可悲的是，許多地方似乎對這類研究視若無睹，沒有因此建立明確的規範，或是改變法規，而且在這方面的研究工作往往以事後「驗屍」居多，只能認識造成珊瑚礁系統（或其他海洋棲地）消亡的原因。

殺蟲劑所造成的效應恐怕是不成比例的大。這些化學物質是設計來殺死生物的，因此會產生嚴重影響也不足為奇。在珊瑚礁中，一些殺蟲劑會抑制共生藻，另一些則會影響到珊瑚，還有些同時對動植物都有影響。長久以來，這些殺蟲劑的主要來源就是附近有噴灑農藥的田地逕流。魚塭和養蝦場則是殺蟲劑的新來源，在這些地方會大量使用各種殺死生物的製劑，以防止疾病在這種高密度圈養環境中傳播；許多這些殺菌劑之後都會外洩到附近的珊瑚礁上。

化學物質有許多奇特、甚至意想不到的效應。港口和碼頭的防汙塗料是大量毒素的來源。這些化學物質是用來殺死海洋生物，以防止船體結垢，當然毫不意外，它們在海中造成大量死傷。最近的一個例子是「殺菌加強劑」（booster biocide），只需要每公升五十納克（nanograms），即兩億分之一這樣低的濃度，就足以抑制珊瑚中共生藻的光合作用。自然而然地，它可以製成非常有效的防汙漆。

汙染物問題，若是再加上前面提到的沉積物問題，就會讓一切更顯複雜。沉積物顆粒將有毒化合物吸附到表面後，等於是將其濃縮。因此，以這些顆粒為食的濾食性動物不僅會攝入沉積物顆粒中的食物，還會攝取到一堆濃縮於其上的有毒物質。這就是為什麼現在不能去擾動許多在一個世紀前受到嚴重汙染的沉積物海床，因為這會危及到鄰近的海洋生物，除非事前先謹慎小心地加以清除。

石油

石油汙染發生時往往會登上頭條新聞，不過石油對珊瑚礁的影響其實非常複雜。一般都認為油和水不會混合，但這說法只對了一半。石油中的許多物質都是水溶性的，有些對大多數海洋生物來說堪稱是劇毒。波斯灣的石油是一種相當輕質的原油，在中東發生的多次漏油事件並沒有造成太大的損害，因為那裡的石油只是漂浮在水面，蓋過珊瑚礁的頂部，不至於造成太大傷害。（請不要將這種漏油事件與其他油類在海岸線的影響混為一談，那些累積在海岸線上的油類會留下濃稠的焦油。）與波斯灣相比，一些加勒比海地區的漏油事件卻會對珊瑚礁造成顯著的破壞。就拿巴拿馬一次重大的漏油事件來說，那次漏油發生在史密森尼加利塔島（Smithsonian's Galeta Island）研究站附近，不僅造成大量海洋生物死亡，還擴散到海面以下數公尺處。原油的毒性主要來自當中的某些有機物質，特別以水溶性成分的比例和毒性的差異來決定。

通常，汙染物的排放是一陣一陣的，儘管珊瑚礁生物體或許可以承受一年以上的平均量，但若出現大量間歇性的排放時，通常就會使其瀕臨崩潰。在一次排放後，水質狀況可能會迅速恢復正常，但損害已經造成了。

核爆

然後是核武試驗。從一九四〇年代中期到一九六〇年代初期，在太平洋的一些環礁處進行了多次的武器測試。這地點是個非常糟糕的選擇，因為環礁是地球上多樣性非常高的生態系。在表面和水下的爆炸會將表層水加熱到攝氏五萬五千度，同時產生三十公尺高的衝擊波，這些衝擊波柱會以每秒八十公尺的速度在潟湖中蔓延開來，直至水下七十公尺深處。當時，有些小型珊瑚島整座被炸毀，珊瑚碎片甚至飛到前去觀察爆炸的船隻上。過去曾經對比基尼環礁的珊瑚進行為數甚多的分類工作，二〇〇五年一項在核武測試五十年後的調查顯示，有超過五分之一的原始珊瑚物種還未能在其他地區建立起新的群聚。

由於武器試驗的衝擊規模甚巨，再加上對環礁大小的珊瑚礁系統的破壞性影響，人類最終停止了在環礁上進行武器試驗，儘管這已經不會對這些地點的生物豐富度造成什麼改變了。

珊瑚的疾病

過去幾十年來發現了許多珊瑚礁疾病。在大多數的例子中，要培養出致病微生物非常困難，但這通常是要判定疾病的第一步，因此在過去幾乎不可能準確判斷多數的病原體。所以有些研究人員只有在確定病原體時才會使用「疾病」（disease）一詞，而在未知病原體的情況下，則是使用「症候群」（syndrome）一詞。當研究確定出一個症候群的病原體時，可能就會將其改名為一種疾病。

第一筆有紀錄的珊瑚礁疾病，可能是一九三八年的加勒比海的海綿，當時發現該區域有七成的海綿個體死於真菌感染。從那時起，有關疾病的報告不斷增加。發病率的增加研判與水質惡化有關。許多疾病和症候群都來自多種生物體感染：病毒、細菌、原生生物和微小動物。然而，目前尚不清楚許多疾病的病原體是原本就有的，還是因為攝取到那些壞死組織中之後出現的感染。甚至還有發現桌形珊瑚的疾病斑塊與體長大約一、兩公釐寬的小螃蟹有關，因為在垂死的珊瑚上看到數十隻這樣的螃蟹，但還是不清楚是這些顯然在吃珊瑚組織的螃蟹引起這種疾病，還是螃蟹只是單純受到死亡組織的吸引，實際上另有其他傳染性病原體。

農田排放的汙水和徑流含有動物糞便，這裡面帶有大量的病原體，其中一些顯然與珊瑚礁症候群和疾病有關。這些疾病的大多數名稱僅反映了其所造成的表徵，諸如：白帶病、黑帶病、白痘、黃斑病等等，這似乎並沒有比十八世紀的醫學進步多少！加勒比海地區的白帶病已經產生嚴重而驚人的影響，尤其是對包括巨大的麋鹿角珊瑚在內的分枝形軸孔珊瑚屬。白帶指的是裸露出來的白色珊瑚骨骼，這些帶狀物看起來似乎在移動，那是因為隨著病程發展，病原會沿著珊瑚的肢體擴散，使得骨骼外露出來，在長滿絲狀藻類之前，外露的骨骼會保持白色一、兩週，然後再度變成深色。與此同時，裸露的白色骨骼帶狀區會繼續移動。在淺水區那片廣闊如灌木叢般的珊瑚森林是無法在其他任何地方複製出來的。在一九七〇年代，白帶病摧毀了那裡大部分的珊瑚群。

有些麋鹿角珊瑚存活了下來，但疾病也是。病原體可能是一種弧菌（*Vibrio* bacteria），但目前還無法確定——這種流行病來勢凶猛，在造成死傷後又迅速消退，因此研究人員難以找出真正的答案。之後加勒比海珊瑚礁又出現白痘病（white pox），這同樣具有傳染性，白色斑塊會以每天兩公分的速度傳播，零散的斑塊漸漸合併，造成整個珊瑚群聚死亡。白痘是由沙雷氏菌（*Serratia*）引起的，這種菌是在動物和人的糞便汙水中發現的大腸菌群。過去爆發的白帶病幾乎摧毀了這種很重要的珊瑚，而如今的白痘病則是會抑制珊瑚族群的數量。這兩種疾病也會影響到鹿角軸孔珊瑚，使整片灌木叢般的群聚變得稀疏。

在珊瑚礁上，加勒比海扇或柳珊瑚也很引人注目，尤其是在加勒比海地區，許多都長到跟潛水員差不多，甚至是更大。近來加勒比海扇受到麴菌（*Aspergillus*）的影響，在過去三十年間，這種真菌導致越來越多的海扇死亡。海扇染病後會出現紅棕色斑塊，這些斑塊會擴大、變暗，然後造成整個群聚死亡。這種真菌原本就存在於空氣和土壤中，在河流中的濃度隨著森林砍伐和農業發展而大幅增加，因此現在這種病原體從奧里諾科河（Orinoco）和亞馬遜河等地一路傳播到整個加勒比海地區。之前還有一個相當驚人的發現，北非土壤中的麴菌會透過空氣傳播，最後竟然沉降在加勒比海地區。此外，這些落塵還與人類呼吸系統疾病的增加有關。數億噸帶有病原體的土壤沉積在加勒比海地區，這段時期似乎與與這種疾病在海扇中爆發有所相關。

刺冠海膽的分布廣泛，是加勒比海域珊瑚礁上很重要的一種草食性動物，但在一九八〇年代，加勒比海地區的海膽出現驚人的死傷。第一次大規模死亡是在巴拿馬附近發現的，然後從那裡開始隨著水流出現一波死亡浪潮，幾乎所有加勒比海地區的刺冠海膽成體都在幾年內死亡。當時有許多幼體倖存下來，讓人覺得還有族群回復的一絲希望，但在這場疾病爆發三十年後的今天，這種主要草食性動物的族群平均密度僅有其大規模死亡前的百分之十二。造成大量海膽消失的原因很可能來自現在整個加勒比海珊瑚礁中數量增加的藻類——至少這是其中一項主要因素。汙水和農田逕流所帶來的養分，加上過度捕撈草食性物種，也是很重要的因素；不過要確定哪項因素最為重要可能只是白費力氣，因為這些因素很明顯也是彼此相關，一同產生這樣的作用。

加勒比海的珊瑚礁似乎比海域面積大得多的印度洋—太平洋地區更容易受到疾病影響，這有部分可能是因為加勒比海盆地已經遭到人類大幅開發。不過在印度洋和太平洋地區，珊瑚礁疾病問題也屢見不鮮，目前也投入越來越多的研究量能在這方面。在這些海洋中，過去並沒有爆發過大規模的疾病，可能是因為此處的珊瑚礁較為分散，不過這也只是推測，況且在印度洋—太平洋海域過去已經歷過肉食性動物帶來的巨大破壞，特別是棘冠海星，災情也跟加勒比海地區一樣慘重，好比瘟疫肆虐。

前面之所以要詳細解釋珊瑚礁的汙染和疾病，主要是基於兩大原因。首先，珊瑚礁所支持的生物多樣性高過海洋中的任何一處。再者，與地球上的其他自然生態系相比，珊瑚礁潛在的生產力非常高，每單位面積能夠供養的人口最多。人類對珊瑚礁產生嚴重衝擊，而我們要為此付出不成比例的高昂代價。比方說，砍伐數百平方公里亞馬遜雨林會對當地人造成極大影響，但從其他幾個角度來看，破壞珊瑚礁所造成的後果，不論是在程度上，還是規模上，都可和雨林等量齊觀，甚至更為嚴重。此外，珊瑚礁還可充當警示海洋環境狀況的早期指標。

另一個可能會產生嚴重後果的因素是入侵種（invasive species），而且這肯定會產生驚人的效應。入侵種是指那些原本不是生長在該地區的物種，也許是隨著郵輪釋放壓艙水引入的，或是附在船體上一起航行來的，又或者是從水族館中意外逃脫的。大多數這類引進的物種不會造成太大的破壞，但有些若是在新環境中找到一個生態區位，並且能夠大幅增加數量，那這時便會將其視為入侵種。

一個最引人注目的例子是印度洋—太平洋海域的獅子魚（lionfish），在一九九〇年代初進入加勒比海，有可能是從佛羅里達州的水族館逃脫的。在加勒比海出現了兩個獅子魚的物種，一種是魔鬼蓑鮋（*Pterois volitans*），另一種是斑鰭蓑鮋（*Pterois miles*）。這些帶有劇毒且色彩鮮豔的魚類以驚人的爆炸速度增長。在短短幾年內就遍布整個加勒比海，有時以極大的密度成群結隊地一起生活，捕食加勒比海的原生魚類，這些地方魚種似乎對獅子魚的跟蹤行為毫無警覺。與牠們生活在印度洋—太平洋地區環境較為平衡的那些個體相比，加勒比海的獅子魚身形更為飽滿、肥胖，而且以驚人的速度繁殖；一隻雌魚每年可產下兩百萬顆的卵。管理單位嘗試過捕魚比賽，推出食譜，也祭出撲殺策略，但最終這些試圖控制其族群的措施全都徒勞無功，因為獅子魚的分布深度遠遠超過潛水員可以捕捉的範圍。牠們現在的分布範圍實在太大，而且繁殖得太多了。可能永遠無法將牠們從加勒比海根除，而獅子魚是目前珊瑚礁遇到最嚴重的海洋入侵種。

珊瑚礁漁業

在熱帶地區的村莊，男人為了養活家人而出海捕魚，在維持生計的同時也讓珊瑚礁持續下去，這樣一幅田園詩般的畫面很美好，但遺憾的是，這個願景在很大程度上比較接近一則神話。自十八世紀開始出現過度捕撈的問題以來，情況可能從來沒有停止過，僅有在極少數情況下，在人口甚少的地方，才能真正做到以永續的方式捕撈，將漁獲量維持在適當標準，在海中留下足夠多的成魚繼續繁衍，也讓人類後代子孫得以捕魚。確實有些傳統管理的例子可以維持大量的魚類種群，至少在過去曾經奏效，但那些主要是在皇家保護區，那裡對非法捕魚的處罰極其嚴厲。今天，在人口高度密集的地方，珊瑚礁魚類枯竭發生時可能迅速又極端，不僅破壞珊瑚礁的功能，也進而減損其支持人類社群的能力。

今天，世界上有超過一半的珊瑚礁漁業已經處於過度捕撈的狀態。珊瑚礁魚類的總上岸量比可持續量高出三分之二。換句話說，漁業所需的珊瑚礁面積比實際能夠作業的面積要大得多，需要多幾個像澳洲大堡礁那麼大的珊瑚礁才能達到永續漁業，支持現有的捕撈量。此外，許多（也許這占絕大多數）珊瑚礁漁業報告的漁獲量嚴重低於真實漁獲量。珊瑚礁漁業本身只是全球漁業的一小部分，但這養活了數百萬人。

對珊瑚礁漁業日益感到絕望的漁民試圖以更具破壞性的方式來捕撈不斷減少

的魚類，無異是讓問題雪上加霜。纏繞和漂流在海中的漁網也導致所謂的「幽靈捕魚」持續數年或數十年，還有漁民會使用炸藥，包括那些使用容易取得的肥料製成的土製炸藥。有時還會添加包括氰化物在內的毒藥和DDT等殺蟲劑。通常，在這個過程中會破壞大面積的珊瑚礁，而這是無法補救的，但漁民的獲利可能很大。據估計，十年前，在某個亞洲國家靠炸魚來維生的漁民，其收入是當地大學教授的三倍，也比那些容易買通的地方海岸警衛隊或警察高出很多。在毀掉一個區域後，這些非法漁民就換個地方繼續炸魚。

我們看到在沒有漁業開採的珊瑚礁區，平均每公頃可能有超過七千公斤的魚量，而在有捕魚作業的珊瑚礁，魚類生物量通常僅有十分之一，有些地方甚至更低。還有一點，我們幾乎沒有看到魚類生物量介於每公頃兩千五百到七千公斤左右的例子，如今大多數珊瑚礁的生物量約在每公頃一千公斤，甚至更少。也許是目前尚未發現這類生物量介於中間值的珊瑚礁，或者是每當發現一個新的珊瑚礁生態系，就會立即遭到捕撈開發，魚類生物量很快就會下降，立即拉開差距——

造成「捕撈差距」——因為最容易捕撈的成員遭到移除，魚類生物量的豐富度迅速下降到很低的狀態。在許多珊瑚礁上，嘗試捕撈魚類變得越來越沒有價值。

在將魚類從非常複雜的食物鏈中移除後，可以看到生態系其他部分出現級聯式的崩毀，損害到整個珊瑚礁。已經有太多實例可以證明這一點，而我們只需要想想移除草食性魚類的後果，這時藻類的生長就不再受到抑制。若是再加入一些汙水，又會促進更多的藻類生長，最終的結果通常是失去珊瑚和棲地複雜性，變成一個以藻類為主的系統。

隨之而來的是生態系螺旋般的不斷衰退，這可以用「龐氏騙局」（Ponzi effect）來解釋。在一九二〇年代，查爾斯·龐茲（Charles Ponzi）進行了一場著名的金融騙局，承諾參與他計畫的投資人可拿到高額利息。最初投資人確實拿到豐厚的回報，但那些支付回報的酬金並不是來自賺取的利息，而是後來加入者所提供的資金。這計畫遲早會捉襟見肘，因為入不敷出而破局。但這與珊瑚礁漁業有什麼關係？這裡並沒有任何詐欺的跡象，但基本上卻有這樣的運作模式：漁業的低度開發是一艘船上一個人，為了養家活口而捕魚。為了讓生活更輕鬆（沒有人可以因此責怪他），他購買了更大的船和引擎。他是怎麼付錢的？這些資本來自珊瑚礁，要販售更多的魚；所以，他之後必須每天捕更多的魚來支付這些設備的費用，若有剩餘才能拿來吃。接著他建立起一家聯合企業，僱用人員來加工大量的魚。這時他得捕撈更多的魚（更多的珊瑚礁資本）來支付他們的工資。於是這個村子出資助蓋了一個小碼頭，接著是一個更大的港口，那種在熱帶地區隨處可見的港口，然後也許會再蓋間冷凍廠。因此，也需要捕撈更多的魚來支付這一切。魚越大，貨幣價值越高；從帳面上看，牠們帶來最多的資本，但這些大魚也是以最大的差距產卵（利息），這些卵原本將會提供下一代可供捕撈的魚。因此，漁民團體不是靠珊瑚礁提供的「利息」為生，而是在消耗其資本。

可悲的是，在經濟學家的談論中有所謂漁業的「投資」——比如說冷凍廠——但這根本不是投資，而是在縮減珊瑚礁資本。這樣也許會因此獲利，但前提是能夠維持海中的魚量，達到足以產生同樣豐富度的下一代，但事實似乎並不是如此。這類「龐氏騙局」比比皆是。

這一系列的事件植根於人類的自然行為。沒有人能責怪地方社區，他們只是希望自己或家人能夠過著更輕鬆或更好的生活——而這正是讓問題變得更棘手之處。這就跟美國生態學家哈丁（Hardin）所謂的「公地悲劇」（Tragedy of the Commons）一樣，只是他談的是公共資源遇到個人利益時的問題，而這裡上演的是珊瑚礁的版本。

第二個主要誤解來自於「永續」（sustainable）一詞。今天在任何援助或開發文件中都可以看到這個詞，這已遭到嚴重的濫用，而且非常草率。在有漁業活動的珊瑚礁海域，生物量只是其中組成的一小部分，而且就算在生態系枯竭的狀態下，整套系統確實還可以維持數十年，這點反而讓狀況變得更糟。這樣的生態系肯定是「受到壓制的」。然而，目前這問題緊迫又棘手，因此開始有人提出「永續集約化」（sustainable intensification）這類短語（絲毫不會感到尷尬！），這兩個詞看在任何執業生態學家眼中都是自相矛盾的。

捕魚的另一項負面效應是在養分循環上。之前已經提過，只有藉助連結緊密的養分循環才能讓充滿生命力的珊瑚礁生態系存在於養分貧瘠的水域中，但漁業會移除生物量，這相當於是移除當中的養分。捕撈魚類，尤其是食物鏈頂端的魚種，會減少營養物質返回珊瑚礁系統，而且大幅改變珊瑚礁的營養平衡。

挑戰總是益發困難，因為體型大的魚通常價格也最高昂，因此所承受的捕撈壓力也最大。珊瑚礁生態系中遭到移除的不僅是生物量（和養分）而已，產卵量也出現重大損失。在出現其他人類活動的衝擊前，光是在珊瑚礁捕魚就對珊瑚礁產生重大影響。漁業的「管理」通常很可悲，尤其是在珊瑚礁這一塊，因為只要有少數漁民就足以破壞一般環礁中的魚類平衡。套用傑出的漁業生物學家丹尼爾．保利（Daniel Pauly）的話來說，在漁業方面，「我們仍然需要創造永續」。真正的難度在於要移除大部分珊瑚礁魚類的生物量實在太容易了，而且既快速又簡單。

應當要銘記於心的是，無論如何，我們都不可能像許多規畫者所想的那樣

「管理」海中的魚量。我們只能管理會影響到牠們的人類行為。這個問題與其說是科學問題，不如說是社會學家或政治人物的課題。所有漁業的根本問題都牽涉到食物的供應——而食物不是一個可有可無的選項，這是生活必需品。第九章將會討論擺脫這個困境的可能辦法。

第八章

珊瑚礁的全球性壓力——氣候變遷

氣候正在改變。而在這個關於珊瑚礁的故事裡，最重要的一項因素是氣候正在變暖，因為溫室效應的緣故，大氣層吸收了更多來自太陽的熱量，使得地球暖化。這主要是因為燃燒化石燃料造成二氧化碳這類溫室氣體的積累。地球的氣溫已經出現明顯的上升趨勢。在這種上升的「背景」基礎上，有些年的溫度衝得比其他年分更高。在海洋中，這種現象稱為「海洋熱浪」（ocean heatwaves）。

大眾普遍對天氣和氣候這兩個概念產生一些混淆（氣候變遷否認者因此常

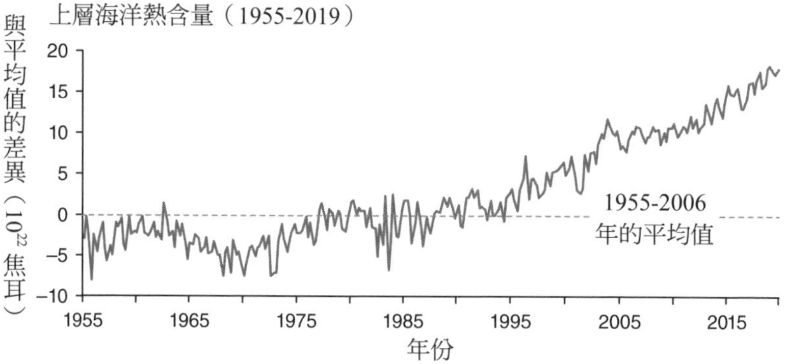

圖 17 從 1955 年至 2006 年在深度 2,000 公尺以上的海洋儲存總熱量。平行 X 軸的水平線代表平均值。（圖表提供：美國國家海洋暨大氣總署〔NOAA〕國家環境訊息中心〔NCEI〕）

拿來說嘴！），天氣（weather）是指每天或每週的氣象變化，這與科學中使用的長期「氣候」（climate）是不一樣的；另一個容易產生困惑的是熱交換，地球有許多不同的巨大熱組件，彼此會相互交換熱量，例如，大氣層會和週期性上升到水面的深海冷水進行大量的熱交換。在一九九八年之後，有幾年溫度上升速度放緩，就是因為是這些熱交換造成的溫度波動，另外也是因為當時皮納圖博火山（Mount Pinatubo）噴發的火山煙霧增加，反射陽光，再加上太陽週期較弱，不過從那以後，暖化仍在繼續。大約有百分之九十三的太陽能熱量是儲存在海洋中。圖17顯示自一九六〇年以來的升溫，以及所有那些多餘的熱量最後讓地球表面的水溫整體上升約攝氏一度的狀況。水的熱容量比空氣大得多，這使海洋吸收了大量熱量，若是只有空氣吸收熱量，地表溫度將會上升攝氏三十六度，這足以毀滅所有生命（除了體型較小的一些微生物之外）。過去五十年來，進入海洋的熱量約為三百垓焦耳（ZettaJoules），這是一個難以想像的天文數字，這個單位後面有二十一個零。或許想像自一九五〇年以來，每秒有五顆炸毀廣島等級的核彈在海中爆炸可能更容易一些——不過這畫面也許更難想像！氣溫上升的速度也在加快。這主要是因為大氣中的二氧化碳濃度不斷升高。這是珊瑚礁有史以來遭遇到的最大挑戰。

暖化和珊瑚白化

與大多數生態系相比，珊瑚礁更容易受到氣候變遷的破壞性傷害。而這些負面影響已不是未來式，而是現在就正在發生。氣候變遷的衝擊會和前面提到的負面影響產生協同作用，使問題更加嚴重。就這方面來看，珊瑚礁或許比其他生態系更能當作是全球狀況的預警。儘管疾病和汙染已經對許多地方的珊瑚礁造成巨大影響，但在某種意義上都算是侷限在區域。現在這些生態系又得再承受全球暖化的影響。

珊瑚白化是氣候變遷對珊瑚礁影響的第一個表徵，儘管最初發現這問題時，許多人並沒有看出這兩者間的關聯。白化時通常整個珊瑚礁上會有大片珊瑚變白。一九八〇年代首先在巴拿馬海岸臨太平洋這一側進行了研究，然後到了一九九八年，則在印度洋範圍內廣泛觀察到，同時也在加勒比海的一些地區也出現了白化現象。不過主要是發生在二〇〇五年下半年，並在太平洋和澳洲海域的許多地點以複雜的模式發生。早在一八七〇年代就有報告指出珊瑚白化的現象，不過當時的主因可能是汙水和汙染。有很長一段時間，大多數科學家並沒有關注氣候在白化上的效應，甚至在一九九〇年代發表的珊瑚礁衰退的科學評論中，也幾乎沒有提到氣候的影響。當時一篇很有影響力的評論文章，在探討珊瑚礁潛在的脆弱性時，錯誤地指出位處偏遠的海洋環礁最不容易發生衰退，但實際上大規模和廣泛的海洋暖化同樣會影響到那些遙遠的珊瑚礁。這些錯誤觀點必須要迅速更正。

第一次大規模白化事件發生在一九九八年，當時有一大片珊瑚礁上的珊瑚變成白色，隨後珊瑚和軟珊瑚相繼死亡。影響範圍延伸到不同的深度，有些水域深達四十公尺。在那時，我們意識到影響珊瑚礁的主要環境驅動因素已經轉變成完全不同的東西。從那時起，又在幾個地方測量並記錄到死亡和後來的恢復狀況，此後又發生了幾起小型的暖化事件，特別是二〇〇五年在加勒比海地區。接下來比較晚近的是在二〇一五和二〇一六年，這兩年都出現了特別嚴重的海洋熱浪。這在大堡礁造成大片區域的破壞，那片珊瑚礁過去基本上並沒有受到早期幾次暖化事件的嚴重衝擊，直到那時才徹底改觀。數百平方公里的大堡礁珊瑚礁嚴重白化，然後死亡。

然而，「暖化」一詞通常過於簡化，其實濃縮了幾個不同的變量。誠然，暖化是當中最重要的一項因素，但共生藻接收到的光強度也會隨之發生變化。風力條件的改變也會對海面產生影響，比方說在印度洋，那裡的海面長時間都保持在平靜無波，宛如玻璃般的狀態。任何水下攝影師都知道，海中每個深度的亮度都不同，具體上是取決於海面是有暴風雨，還是風平浪靜，平靜的海面可以讓更多的光線通過。但是過強的光照會讓珊瑚中的共生藻的光合作用發生「過載」的情況。

幾千年來，各處的珊瑚都適應了算是相當穩定的海洋環境，包含水溫和光照以及這兩者的變化範圍。珊瑚對某些條件產生適應，因此只要比牠們生存的最佳溫度低個幾度，就足以造成牠們死亡。暖化和更強烈的光線，則會造成共生藻類死亡。在排出共生藻後，珊瑚在幾週內也會死亡。

「熱壓力週」（degree heating weeks）這個概念在珊瑚白化的預警上非常有用。這是將高於珊瑚「習慣」的水溫度數乘上處於這種高溫的週數所得到的數字。一如預期，不同的珊瑚物種會有不同的因應，例如得到的數字為八時，是比一年中那個時節的平均溫度高出兩度的溫度持續了四週，通常對大多數珊瑚來說都是致命的。

珊瑚白化後可能不會立即死亡。若是外在條件不是太強，也沒有持續太久，那麼珊瑚還有可能重新獲取藻類細胞，逐漸恢復。但如果溫度過高的時間持續過長，就無法重新獲得藻類共生體，珊瑚就會死亡。之所以看起來變白是因為珊瑚組織本身通常相當透明，在失去共生藻後便可以看到下面白色的石灰岩。死去的珊瑚組織也會脫落，再次露出純白的石灰岩。然而，白化的外觀持續不了幾週，因為之後小型的絲狀藻類和許多其他群聚會迅速聚集在裸露的基質上繁殖，因此礁體的顏色會再度變暗。

我們現在知道，海表溫度基本上是在一九七〇年代開始上升。不過接下來的一、二十年的變化很小，可能是隨機波動所造成的。畢竟，季節性變化往往比潛在的上升模式還要來得大，換言之，數據中的「雜訊」大於「訊號」。然而，到了二十世紀末，當時投入大量研究資源在這上頭，升溫的潛在趨勢變得清晰起來。而且這一趨勢仍在繼續：過去幾千年中所有最溫暖的年分幾乎都發生在過去幾十年間，這一方面來自逐漸整體升溫的背景趨勢，另一方面是遇到週期性的海洋熱浪。

近來的溫度預測研究不斷進展，所有模式都預測背景溫度的上升趨勢將會持續，海洋熱浪的強度和頻率也還會增加，讓珊瑚在兩次環境變動事件間恢復的時間越來越少。在接下來的幾十年裡，大多數珊瑚礁可能每隔一、兩年就會發生一次白化和死亡。新生珊瑚平均大約需要五年才能繁殖，這種頻率的白化事件會殺死還太年輕而無法繁殖的珊瑚。

目前在許多地方都已測量到珊瑚所承受的影響。為期最長的追蹤是在印度洋中間的查戈斯群島（圖18），這是目前珊瑚礁監測單一時間序列資料中最長的，顯示出過去五十多年來珊瑚覆蓋率的衰退趨勢。這種衰退是「階梯式的」，每下一階都與特別嚴重的海洋熱浪相關。在加勒比海、太平洋島嶼和大堡礁的幾個較大區域的站點也顯示出平均衰退的曲線。若是以粗略的估計來說，珊瑚礁大約需要有一成的覆蓋率才能產生足夠的鈣化，讓整個礁體繼續生長；覆蓋率偏低會導致珊瑚礁減少。圖18顯示目前查戈斯的珊瑚覆蓋率約為一成。然而，這是一個平均值，意思是有些站點較高，而許多站點則相當低。

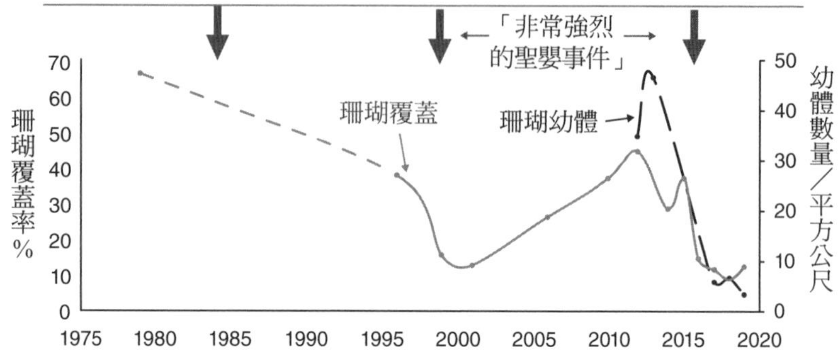

圖 18　1979 年至今的印度洋中央環礁群的平均珊瑚覆蓋率。左側以虛線表示的珊瑚覆蓋率是因為那段期間缺乏觀測資料——這條線不太可能是呈平穩下降的趨勢。另外還顯示出珊瑚幼體的密度（大破折號和右 Y 軸）。資料彙整自查戈斯群島的五個環礁、面向海洋的斜坡和所有至 25 公尺深度的數據。頂部的箭頭是指「非常嚴重」的聖嬰事件（根據 NOAA 的海洋聖嬰指數），這是一項反映海洋暖化的指標。

在這裡的珊瑚礁也同樣出現定居幼體數量下降的趨勢，降到早期的十分之一左右。由於這些幼體是下一代的造礁者，因此牠們的減少會影響到珊瑚礁群體的未來。

在這地方的一處典型珊瑚礁顯現出瑚礁死亡的兩個階段。首先是珊瑚蟲的死亡，這時牠們的骨骼仍保持生長狀態，但再過幾年，骨骼會坍塌、分解，然後碎裂，最後被海水捲走，留下很少的結構（圖19）。

圖 19　上圖：不到一年前因暖化而死亡的桌形珊瑚；生物群聚遭到侵蝕，但大部分還沒崩解。下圖：死亡三年後的珊瑚礁，此時大部分死去的珊瑚已變成碎石，被海水沖走。（攝影：Anne Sheppard and Charles Sheppard）

酸化

暖化是過去幾十年來珊瑚礁遭到破壞的最主要的原因，不過酸化也起了推波助瀾的作用。當二氧化碳溶解在水中時，水的酸鹼值會下降，也就是變酸。二氧化碳溶解時，首先會形成碳酸，然後是溶解的碳酸氫鹽和碳酸鈣，這三者處於一種化學平衡狀態。這種平衡或緩衝系統是以一種相當反直覺的方式來運作，不過大致來說，酸度提高會減少珊瑚用於沉積碳酸鈣的碳酸鈣含量。一些估計顯示，由於這種影響，珊瑚的生長速度已經顯著下降。海洋的酸鹼度總體約下降了〇．一個單位的 pH 值，由於酸鹼度是以對數表示，因此這樣小的數值變化實際上相當於氫離子的數量增加了三成；酸度可以粗略地用氫離子的濃度表示。（實際上應該要談的是「鹼度的降低」而不是酸化，因為典型海水的 pH 值是弱鹼性的，常見的數值是 8.3。）

酸化的故事很複雜，因為大氣中的二氧化碳需要二十到四十年才能與海洋達到平衡——所以在大氣中的二氧化碳完全發揮其作用前會有個時差。若是把這一點納入考量，一般認為在二、三十年後，海水中的氫離子數量將會再增加三倍。我們的大氣層不僅在增厚，而且其增長率也在上升。工業化前大氣中的二氧化碳含量約為 280 ppm。而根據計算（已納入與海洋的平衡）若是達到 350 ppm，即使不會造成珊瑚礁死亡，也會嚴重抑制其生長。而在二〇二〇年，二氧化碳的濃度已經達到 415 ppm。

接著，二氧化碳便會導致暖化和酸化，目前預測這兩種效應將會繼續加劇，並且產生破壞性影響。暖化是立即要處理的首要課題，而酸化將會需要更長的時間才能產生影響，並且加以逆轉，如果我們真的能夠降低碳排的話。不幸的是，從地質紀錄來看，實在讓人難以樂觀看待，因為過去絕大多數的全球性滅絕事件都伴隨在高二氧化碳的排放期之後，珊瑚礁的恢復時間通常超過五十萬年。

海平面、防波堤和颶風

嚴重受損的珊瑚礁會受到侵蝕，因為珊瑚礁上大多數的侵蝕性生物仍會繼續繁衍生息。牠們的侵蝕效應甚至可能隨著暴露基質的增加而加速。

珊瑚礁為數千座島嶼和數千公里的海岸線提供天然防波堤，各國政府越來越關注日益嚴重的侵蝕模式。珊瑚礁遭到破壞後所導致的海岸線侵蝕常常會與海平面上升混為一談，實際上這兩項因素是相互作用的。如今，海平面每年平均上升幾公釐，因地點而異。在二十世紀，由於暖化的緣故海平面平均上升了十七公分，而如今這一速度還在增加，一方面是因為冰層融化導致海洋中的水量增加，另一方面是變暖導致海水產生熱膨脹。海平面上升為許多島嶼帶來嚴重的問題，若是在近海具有防波堤功能的珊瑚礁能夠繼續增長，那麼海平面上升的問題就不會那麼嚴重了。畢竟，健康的珊瑚礁在整個生命過程中都是垂直生長的，但前提是珊瑚必須是健康的。海平面上升，再加上近海能夠擔任天然防波堤的珊瑚礁減少，這兩者加起來讓波浪對海岸線的衝擊效應顯著增加。這進而嚴重影響到世界各地許多環繞著珊瑚礁建造的沿海基礎設施區域，包括道路、設備和住房等，這些地方原本享有珊瑚礁提供免費的天然防波堤。

暖化還會對天氣產生其他影響。颶風模式（在世界各地有不同的名稱，也稱之為旋風或颱風）似乎正在變化。這些在各地肆虐的旋轉風是由水蒸發的潛熱所推動。要形成一個颶風，海洋溫度必須高於攝氏二十六．五度左右，因此基本上算是在熱帶氣候區。不過還需要一個橫跨寬度的氣流速度差，才會產生旋轉，這種差異是因為在不同緯度的氣體會以不同速度移動所致，因此颶風不會在赤道附近形成，因為赤道兩側的氣體是以類似的速度移動；因此，氣旋形成的位置會稍微偏離赤道，但不超過北緯或南緯十度的區間。在加勒比海地區，曾對此進行廣泛的研究，目前已開發出各種指數，像是「旋風累積能量」（Accumulated Cyclone Energy）這個結合大小、風速和持續時間的指標，這些指數在過去幾十年間顯著上升。颶風發生的次數並沒有變得更加頻繁，只是每次的規模變得更大、更強且更持久，因此整體而言產生的能量更具破壞性。在演化史上經歷過颶風的珊瑚礁早已發展出一套適應之道，但目前並不確定珊瑚礁要如何應付能量增強的颶風。南美洲的大西洋沿岸擁有獨特的珊瑚礁群，到二〇〇四年前從未遭受颶風襲擊——二〇〇四年巴西才首度經歷颶風。

所有這一切都是由二氧化碳濃度上升所導致的：珊瑚因暖化而死亡；珊瑚礁的成長速度正在減慢；更多的裸露表面讓生物侵蝕者定居，因而減少珊瑚礁的防波堤效應；海平面正在上升；破壞力強大的暴風雨不斷增加；降低倖存珊瑚生長率的海洋酸化與日俱增；新珊瑚幼體的數量不斷下降。所有這些因素又會彼此加劇，而且已經有跡象顯示整體狀態進入正向反饋的螺旋式上升條件，或許這可簡單地說已經開始要碰觸到臨界點。問題是：人類社會能夠在事態變得更加嚴重前及時改正嗎？

第九章

行動

了解主要問題

在與決策者交談時，要盡可能以人類世界來比喻珊瑚礁的情況，這會很有幫助——這些掌握珊瑚礁最終命運的人絕大多數可能從親眼未見過珊瑚礁。所以，或許可用人類的疾病來打比方，幫助他們理解：如果我們吃得好，而且身強體壯，那麼就算因為一次感染而生病，也能撐過去，且一次次地從疾病中復原。但是，如果一個人同時感染到痲疹、瘧疾、霍亂和流感等疾病，甚至還營養不良，那麼存活的機率勢必大幅降低。今天，這個類比也可套用在珊瑚礁上。珊瑚礁不僅受到過度捕撈、汙染、沉積物等同時會造成嚴重後果的因素所影響，還要承受超標的海洋溫度和酸度的壓力。這就是為什麼現在大約有四分之一的珊瑚礁已經死亡，而且目前看來應當再也無法恢復，另外一半則受到不同程度的影響。換言之，目前只剩下大約四分之一可以算是處於良好狀態，但狀態也大不如前，在整片海洋中，可能只有一小部分能夠與幾十年前的珊瑚礁相比擬。全球一直難以降低二氧化碳排放，這代表即使實現了《巴黎氣候協定》（Paris Climate

Agreement）的目標，到本世紀中葉，我們仍有可能再失去七成至九成的珊瑚礁，這對珊瑚礁的存續構成很大的威脅。

然而，這樣的衰退不是線性的，也不會隨著牠們的衰退發生功能性變化。比較常見的狀況是汙染或過度捕撈造成的「區域型」壓力引發逐步衰退，並且經常與海洋熱浪同時發生。一般很自然地會假定處於穩定狀態的珊瑚礁生態系中，珊瑚是當中的優勢物種，但不見得總是如此。目前也發現有其他可替代的穩定狀態，如圖20(a)所示。想像一下，我們以黑球代表富含珊瑚的理想珊瑚礁，它位於上圖的一個山谷中，與較低位置的另一個山谷之間隔著一座山丘。

對這個球（礁石）施加一點壓力（如圖中球上方的箭頭所示），它只會在山谷中搖晃，在壓力消除後還是會回到山谷。這些小小的推動代表珊瑚礁每天和每年會經歷到的正常現象。然後，想像一下生態衝擊對珊瑚礁的影響，如圖(a)中的下圖：有可能是汙水流入，這會刺激海藻生長，我們以降低山丘的高度來表示；另一個可能則是過度捕撈，我們以對球施以更大的推力來表示。在這個圖中，球將滾落旁邊較低的山谷，代表的是被海藻覆蓋的石灰岩平台。這種狀態似乎非常穩定，球不會再以我們所知的任何方式返回到上面的谷地（即珊瑚主導的狀態）。光是移除這兩種壓力還不夠——這個區域不會輕易恢復到以珊瑚為主的狀態。在工程術語中，這稱之為「遲滯效應」（hysteresis effect），這現象似乎也適用於珊瑚礁，可見圖20(b)所示。不幸的是，以海藻為主要物種的石灰岩平台正變得日益普遍。要試圖恢復珊瑚為主的狀態也不是沒有可能，但並不容易。

目前對於細節的爭論仍在繼續，例如珊瑚礁生態系轉變為海藻優勢的主要因素，究竟是因為移除當中的草食性動物，還是海域受到汙染，又或者是溫度升高造成珊瑚死亡。確切答案當然取決於珊瑚礁的具體位置。此外，改變生態系的壓力源不見得會是維持它處於這種狀態數十年的原因，可能還有其他的壓力。

現在海裡很常見到極度剝蝕的珊瑚礁。在許多地方，留下來的碎粒沉澱後就漸漸覆蓋上一層藍藻和藻類薄膜。有人形容，珊瑚礁切換到這種狀態就好比沿著演化路線倒退，回到前寒武紀時的狀態，漸漸「滑下黏泥的斜坡」。

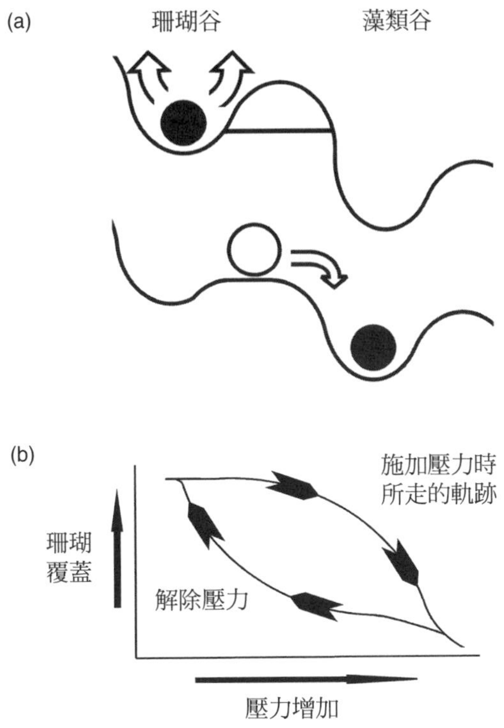

圖 20　(a) 兩個概念圖，以山谷代表不同的生態狀態：左邊是珊瑚主導，右邊是藻類主導。上圖：黑球位於珊瑚谷（健康的珊瑚礁）中。力道小的推力不會將球推走，球仍會回到穩定的谷底。下圖：當汙染降低了谷壁的高度，再加上壓力源給了球更大的推力，最後它便滾進較低的山谷中——以藻類為主的生態。沒有任何已知的路線能返回到以珊瑚為主的山谷。(b) 遲滯曲線是表示群聚結構變化的另一種方式。上方的曲線顯示隨著壓力增加的系統穩定性，展現出在系統崩潰前珊瑚覆蓋沒有變化。然而，移除壓力源後系統並不會沿著相同的軌跡恢復到健康狀態，需要更多時間才能出現復原的跡象。

儘管前景黯淡，但仍有一線希望。大多數位於深水區的珊瑚礁逃過了那些最為嚴重的破壞，在這些區域中可能有能夠重新生活在淺水區的珊瑚種類。

珊瑚對暖化的適應也是一項備受期待的解決方案。我們知道，在波斯灣這類本來就很溫暖的海洋盆地中，有許多珊瑚物種可以在年均溫介於攝氏三十三到三十五的高溫下生存，但在印度洋，同樣種類的珊瑚卻在攝氏二十九或三十度間死亡。顯然阿拉伯海域的珊瑚已經產生適應了——雖然那裡珊瑚種類的多樣性在總體上要低得多。目前正在深入研究這種適應是來自於身為宿主的珊瑚，還是牠的藻類共生體。就某種意義上來說，這其實無關緊要——顯然適應已經發生了，所以也許我們可以假設這會更廣泛地發生在其他處的珊瑚礁。然而，自然適應需歷時幾千年，以今日這樣變化的速度來看，也許來不及在珊瑚礁滅絕前發生足夠的適應。

這種單靠希望的解決方案確實有點痴心妄想。而抱持希望可不是管理這顆星球的好方法！我們可以採取行動來實現改變，不過這當中沒有一件是容易的。

解決方案

首先，我們必須先弄清楚什麼是「基線偏移症候群」（shifting baseline syndrome）。這是在二十五年前由丹尼爾・保利（Daniel Pauly）針對漁業所提出的，指的是我們對健康生態系的期望會隨著時間而變化。一直以來我也建議將這概念套用在珊瑚礁上。今天測量的任何「基線」（一般稱為基線調查）可能與很久以前測量的基線有顯著不同。事實上，通常沒有什麼簡單的方法可以用來判定一條基線真正的過往條件。通常會用「自然」或「原始」等詞彙來表示一位觀察者最初研究的內容，這可能與之前大不相同。現在也許對珊瑚礁施加一點小壓力就足以使其越過臨界點，進入一個不同的狀態，但在五十年前，同樣的壓力可能不會產生什麼顯著的影響，因為在今日，壓力是作用在已經承受巨大壓力的珊瑚礁上。可以說，在我們沒有意識到的情況下，珊瑚礁的「彈性」已經快被拉伸到斷裂點。

在我看來，有幾組解決方案似乎大有可為，充滿前景，不過幾乎可以肯定的是，必須同時執行所有這些解決方案。一項冷靜的評估顯示，目前珊瑚礁的整體損害已經很嚴重，而且還在繼續惡化，預測還會變得更糟。下列措施可以扭轉這樣的下滑趨勢，不過前提是政府和管理當局加入這個行列，共同努力。

控制地方損害

在地方層面，需要能夠控制汙染、捕撈強度等問題——所有這些都是知易行難的項目，尤其是在貧窮的國家，或是不了解自然系統對他們提供多少支持的國家。需要透過教育和管理來達成這些變化。但我們必須放棄人類可以「管理」珊瑚礁（或任何其他海洋系統）的思維，因為這純粹是狂妄自大的心態在作祟，人類是無法管理自然的。我們可以管理的是人類造成的衝擊與影響，而且若是我們可以有效減輕這種影響，珊瑚礁將會展開自我修復，得以回復幾個層面的健康。那些抱持反正氣候變遷早晚都會毀掉珊瑚礁系，因此控制捕魚或汙染毫無意義的管理者，必須要明白一件事，地方行動可能會產生很大的差異。

原則上要實施這些措施並不難。然而，許多破壞性活動的背後都有一些有錢有勢的既得利益團體在支持，他們早已出資支持許多影響政界的遊說組織。儘管如此，還是可以提出令人信服的論據，比方說指出採取這類措施能恢復珊瑚礁生態，進而造福更多人，創造更多利益——例如，在菲律賓的幾個海域，那裡在有效落實這類措施後，當地的食物和漁民收入都有顯著增加。

適當進行環境評估

這些評估應當是在所有重大沿海變化工程和開發案之前進行，而且最關鍵的是，建築業者和監督單位需要遵循評估中的建議。若是嚴格遵守，一個大型計畫可能僅會產生最小或暫時性的影響：如此一來，這個國家還是可以進行規畫的發展，同時留住健康的珊瑚礁生態系。可惜在許多地區這淪為口頭建議，對環境評估置之不理。另外，還有許多環境評估所提供的解決方案確實不適當。

防止成本外部化

一家公司可以透過提高生產量來賺錢，但也可以另闢蹊徑，讓他人來支付成本。這裡的成本通常包括有清理自身造成的汙染。若他們沒有處理，那麼最後就是下游的村莊來買單，得承受汙染造成的損害，為此付出代價。以亞洲幾個地區為例，上游的建設工程沒有進行沉積物控制，最後破壞了附近的珊瑚礁，連同毀掉珊瑚礁魚類成長所需的水域，最後迫使村民放棄整個漁村。地方民眾才是承受最多苦難的人，遠超過開發商或政府。社會正義也是聯合國的一項發展目標。

抵消計畫

可以透過維護環境或棲地等「抵消計畫」（offset schemes）或「碳信用」

（carbon credits）等方式來支付那些認定是不可避免的損害的費用。透過這些計畫，就可以讓那些必定會造成負面影響的計畫恢復一些以前遭到破壞的等效棲地。當然，在判斷等效棲地或等效區域時所依據的原則是有爭議的，可能會有些武斷，而且難以達成共識。再者，這種方法對珊瑚礁的幫助可能比較小，因為與許多其他棲地相比，就目前的調查來看，要將受損的珊瑚礁恢復到原始狀態是項不可能的任務。對珊瑚礁加諸的任何破壞只能透過恢復完全不同類型的棲地來抵消，就珊瑚礁的角度來看，這並沒有什麼好處。

「加強演化」

這是時下相當流行的一個主題，試圖以基因工程來增強珊瑚抵禦高溫的能力。有的是透過選擇性育種，有的是對珊瑚及其共生藻進行更為現代化的基因操作，目前這些計畫都有所進展，儘管離實際所需的程度還很遙遠。雖然目前無法判斷成功是否會加速，但開始進行這類研究，無疑是展現出科學家對於探索各種幫助珊瑚回復的途徑有多絕望。增強珊瑚的「輔助基因流」（assisted gene flow）要到大規模且有意義的層面上才可能產生益處。目前，對實際在大規模上進行這項工作的可能性仍有懷疑，而反駁的論點是：這當然值得一試。

人工魚礁

多年來，通常由混凝土製成的結構一直放置在珊瑚礁遭到破壞的地區，這為新珊瑚的生長提供基礎。當它奏效時，這些結構提供了一處高於舊珊瑚礁的基質，因為那些死亡的礁石已成為會移動的碎石床，這對新定居的珊瑚幼體是致命的。在高使用率地區，人工魚礁確實取得一些成功，但要達到海洋規模的復育，所牽涉的尺度太大，無法成為一個普世通用的解決方案。此外，人工魚礁通常是放在原始珊瑚礁死亡的地方，那裡仍有持續存在的汙染源，因此幾乎可以注定它們一定會失敗。有些人工魚礁甚至是由數百輛汽車殘骸組成的，這只不過是一種廉價的垃圾處理方式，而其他一些例如用汽車輪胎製成的，後來更是證明弊大於利，不得不將其拆除。

海洋保護區

另一套措施涉及建立嚴格管理的保護區。一些機構和個人已經估計過應該要妥善保護多少珊瑚礁（或任何棲地）。這裡我說的「保護區」，是指不允許任何形式的開採或破壞性使用的區域，可以當作海洋生物的避難所和播種區。估計所需面積約占海域總面積的一成到五成，這比例高得驚人。每當提出海洋保護區時，最常遇的就是要求特別豁免（exemption），支持捕魚作業，問題是一旦授予這些豁免權，劃設海洋保護區的好處幾乎蕩然無存了。對海洋保護區的抵制主要來自利益人士，他們希望能夠繼續捕魚、建設或從事其他以前不受限制的用途。

海洋保護區的位置必須仔細選擇。有時會選一組好幾處的珊瑚礁，關鍵要素在於其間有遺傳的相互關聯。受到關注的國家首先必須有能力來有效執行保護區的運作和保護——許多國家都缺乏這些能力——而且在人口眾多的地方宣布劃設保護區是沒有意義的。若是規畫得當，保護區確實有效。鑑於我們無法真正「管理」海洋保護區，我們只能讓大自然自行恢復，任由這些區域自行發展。而大自然經常能夠不負眾望，有許多例子顯示在有效執法的珊瑚礁保護區，在短短三年內，蛋白質收穫量和漁民收入增加了三倍。

目前在太平洋和印度洋地區一共宣布了六個大型海洋保護區，這些保護區都地處偏遠，再加上其他條件，代表這些區域不會承受到巨大的地方壓力，但會獲得有效的治理。日後可能會證明這些大面積區域是無價之寶。而且劃設多處保護區還有一個額外的優點，即彼此間的珊瑚礁組成在基因上是相互關聯的。它們對於保護大約三分之一的海洋，避免人為破壞非常有幫助。

海洋空間規畫

這是由海洋保護區演變而來。在大多數國家／地區都有某種類型的土地空間規畫，這些區域不是受到保護，就是保留給工業、農業或住房等。很少有國家／地區將這樣的空間規畫有效地應用在海洋上，這牽涉到工業活動區域的限制以及對不同區域的保護，並且會使用生態系基礎（ecosystem-based）、整合性（integrated）、調適性（adaptive）、策略性（strategic）和參與性（participatory）等詞彙——尤其是在聯合國教科文組織對這過程的定義中！——所有這些詞彙都是在表示每個區域的使用都是有計畫的，而不是隨意的，或是相互衝突的。劃設目的一方面是要保護環境，另一方面是在確保糧食安全無虞，同時又能避免意外損害。但目前很少有國家能達到這樣的成效。

若是保護區附近有大量人口，再多的控制也無法阻止飢餓的人，勢必會產生衝擊。因此，如果人口過多，難以進行任何有希望的保護，那不如將鄰近的大片區域劃為養魚和提供糧食的區域。顯然也會有人想要去其他海域捕撈，因此若是真的要防止整個珊瑚海域逐漸減少，就需要在區域層級以及整個海洋進行更好的分區。分區的原則應基於實際狀況和科學，這可能會與許多傳統的保育方法背道而馳。

科學勝過「傳統管理」

傳統的做事方法在某種程度上經常被視為是神聖不可侵犯，應當以同樣的方式繼續下去。然而，過去在人口較少的情況下行之有效的方法，例如採集或捕魚，根本無法支持目前數量暴增的人口。此外，不能僅僅因為某些事物演化為傳統，就認為那是神聖且不可動搖的；有許多傳統習俗現在也認為是不合時宜的——想想古老而持久的奴隸制傳統。

在地方規模的漁業有更多這樣的例子。好比說，只要有幾十個捕魚家庭就足以大幅降低大型珊瑚礁的生產力。我們現在處於一個艱難的困境之中——過去行之有效的方法可能不再能達到維持健康珊瑚礁並從中捕魚的目標。

儘管如此，仍然必須將地方漁民納入到這套系統中。有必要解釋保護的原則和要點，並且確保社區有意願配合，這樣才能真正讓保護系統發揮作用。目前已經有越來越多的地方實現這項計畫，而這也讓地方上的村民成為這個想法的最佳代言人。

特定珊瑚礁保護項目

基於種種通常還不是很清楚的原因，有些珊瑚礁的生存狀況比其他珊瑚礁來得好，而且比大多數珊瑚礁能夠承受氣候變遷帶來的影響。必須要確定出這些珊瑚礁的種類，投注更高的資金來維持其長期生存，包括對該區域活動的管理，以及對這類珊瑚礁的保護。在選擇這些珊瑚礁時，必須根據科學原因，而不是政治原因。一旦人類設法減少所有的有害影響，這些珊瑚礁就有望成為未來復育珊瑚礁的種原。

在非領土水域的保護

大部分的海洋都算是「公海」，也就是不在國家的管轄範圍內。公海的概念源自於幾個世紀前歐洲殖民國家的戰爭，在那段期間提出了「海洋自由」（freedom of the seas）的想法。現在也將其精神納入到《聯合國海洋法》（UNCLOS）。不幸的是，雖然最初是為了確保自由通行和航行，但這也用在種種海洋資源的開採上，而且並不一定需要承擔必要的責任。目前只有少數珊瑚礁區域遭遇到這種問題，因為大多數珊瑚礁都與陸地相鄰，而且與海洋不同，所有陸地都在某種法律的管轄下。不過確實有一些淺礁區是沒有島嶼的，而這些地區的領土和資源權利衝突日益增加。目前，對於在這些廣闊區域進行開發者所要求承擔的責任遠遠不足。

改變過去珊瑚礁區域的用途

　　現在有些人基本上已經接受珊瑚礁是一種會消失的生態系，就像過去幾百萬年來的許多生態系一樣。那些珊瑚礁區域不會恢復了，因此有人提出一個似是而非的論點，指出既然如此，那為何不趁現在趕緊利用那些處於淺水、光線充足的熱帶海洋區域，而不是任它白白轉變為一個對任何人都沒有用的棲地。好比說那些覆蓋著藻類的淺層石灰岩地區，這些水域確實能有豐收的漁獲，儘管不是珊瑚礁物種。這觀點在一定程度上確實讓科學家產生兩極化的觀點。一方面，有人將其視為上天賦予人類對所有其他生命的支配權，以我們認為合適的方式來使用——可說是回歸《聖經》的傳統。另一方面，在那些抱持人類應該與自然界和諧共處的人眼中，則將這樣的說法視為一種絕望和放棄的政策。一個是基於功利主義的角度：就算有物種群在需要時消失又有什麼關係；另一個則比較接近「深綠」的觀點。第一批人可以說反正珊瑚礁都會消失，倒不如由我們來控制珊瑚礁區域會變成什麼樣貌，不然到最後牠們也會一無是處的死去。深綠觀點則認為要是失去珊瑚礁這個經過數千年演化才成為海洋中最多樣化的生態系，實在讓人感到惶惶不安。

房間裡的大象

在許多科學討論、政府報告和論文中，都會小心翼翼地迴避人口問題。有時，甚至認為談論這個議題是逾越了某種界線。但隨著人口數量增加，以及大家追求高生活水準的渴望，人類對自然資源的需求也日益提升。換言之，有越來越多的人在開採存量固定或日趨衰退的珊瑚礁資源：畢竟，地球上可以生長珊瑚礁的區域是有限的，就某種角度來說，就是這麼簡單。在一些海岸線的市鎮，人口倍增的時間僅需十五年，這反映出醫學進步及其帶來的一些絕佳好處，比方說嬰兒存活率的提高。然而，這也代表當人口倍增後，針對目前珊瑚礁海岸線特地規畫出來的科學方案將不適用。解決方案將不再是科學問題，而是社會和政治問題。人口數量是這個方程式的一部分，要是我們忽略方程式的這部分，就無法得出解答。有好幾個組織發現，貧困農村地區的婦女教育和她們對計畫生育的渴望依舊是亟待滿足的重要需求，一旦能夠完成這兩項，就會在各個層面對該地區產生積極的影響——不論是改善人類健康和社會福利，還是提高珊瑚礁等棲地的承載力，以維持社區的存續。

珊瑚礁的剝蝕和過度開發都會帶來非常高的社會成本。我們只能粗略估計會有多少人因為當地珊瑚礁無法繼續提供食物而變得營養不良，甚或死亡，可以確定的是這個數字有幾百萬。很難理解何以目前大多數人仍然對這麼重大的衝擊毫無知悉。在今天，確保糧食安全是個極為重要的問題，而且在許多環境文件中都占據主要的篇幅。目前估計，五歲以下兒童死於營養不良的死亡率為百分之五十四或五十六；這些兒童乍看之下可能是死於某種疾病，但其實罪魁禍首是營養不良，是這樣的身體狀況導致他們特別容易感染這類疾病。聯合國糧食暨農業組織的報告指出：「總體來說，成功減少飢餓的國家都具有經濟和農業快速成長這兩項特點。他們還有人口增長較為緩慢的趨勢。」

成本和價值

今天，大家可能會去注意東西的價值與其價格間的差異——想想詩人王爾德（Oscar Wilde）的名言——但這其間的差別仍然遭到忽視。過去幾十年來，世界大部分地區的珊瑚礁平均覆蓋率一直在以每年一至二個百分點的平均速率下降。透過簡單的數學計算顯示，除非重新評估價值，否則將會看到非常不樂觀的預後。身為一位研究珊瑚礁近五十年的科學家，我不希望我的工作最後僅是對珊瑚礁的驗屍報告，儘管這樣的可能性很大。我相信現在這已成為一個政治和社會問題，而不僅僅是科學問題。否則，我們早就解決了。

史上從來沒有一個時刻比現在更需要阻止這一全球性的珊瑚衰退趨勢。按照目前的剝蝕速度，珊瑚礁可能會是在人類世第一個滅絕的主要生態系。儘管科學家在他們的聲明中，對於這方面的用字遣詞都出於本能地謹慎，但提出這種幾乎完全消失的可能性的頻率越來越高，展現出在當前的這股趨勢下，我們有多關注這問題。請記住，我們還得將延遲狀況納入考量，即前面提到在海洋酸化等因素的全面影響變得明顯前，會有二十至四十年的延遲時間。當然，珊瑚礁的衰退在每個地區都不同，並不會依循一條平順的曲線。它通常會有停滯期，中間穿插著更為急劇惡化的步驟。目前也看到閾值效應的證據：一旦接近頂部附近，只需要一點額外的推力就會將圖20(a)中的黑球推入藻谷。生態學家南希・諾爾頓（Nancy Knowlton）對此有一個生動的類比：「每當將恆溫器調高一級時，大家只會期待屋裡變得更溫暖，而不是一間著火的房子。」海洋溫度的間歇性上升以及隨後珊瑚礁上的珊瑚覆蓋率下降也展現出這種模式。

我們仍然有可能阻止衰退，並且繼續從生機盎然的珊瑚礁世界中獲益，但這需要來自政治界的變革。從科學角度來看，我們知道解決方案，其中有些基於單純的物理學，許多則是簡單的生物學，但在政治上我們似乎無能為力。我這番話並不是什麼嶄新的觀點，三十年前我在一本書中的結尾也同樣適用在今天，只是更加急迫：

曾經有人提到另一個熱帶仙境，雨林，說它之所以遭到破壞，是因為人的短視近利，就好比是為了要使用麻布而一片片地剝下林布蘭（Rembrandt）的畫作。珊瑚礁也是如此，這是無價的資產，其價值取決於其健康狀態以及當中相互連結的形式和生活模式的組合。

我們必須學會比過去更快地應用所知。自七年前本書第一版問世以來，我們再次看到更大規模的海洋熱浪以及珊瑚礁衰退。現在已經具有足夠的知識來拯救珊瑚礁，避免牠們走上最終衰退滅絕的道路，但我們並沒有採取行動。如果我們還想在珊瑚礁的保護上取得先機，救亡圖存，必須要讓政界改變得跟氣候變遷一樣快，跟人類對這個生態系施加的壓力一樣快。在這些壓力中，有許多也影響著大多數海洋中的其他生態系——千萬要記住，要是沒有海洋生命，就不會有陸地生命，在陸地上出現生命形式前，海洋中的生命已經存在了數百萬年。已經有人注意到，今天的許多變化，像是海洋酸化，是過去滅絕事件中的一個條件，但這一次的酸化是人類造成的。只要有意願，人類就可以拯救美麗而複雜的珊瑚礁生態系，保存當中的豐富生命。

延伸閱讀

書籍：一般書籍和相當專業的書籍

- Birkeland, C. (Ed.). 2015. *Coral Reefs in the Anthropocene*. Springer, Dordrecht, 271 pp.
- Burke, L., Reytar, K., Spalding, M., and Perry, A. 2011. *Reefs at Risk Revisited*. World Resources Institute, Washington DC, 114 pp.
- Côté, I. M., andReynolds, J. D. (Eds). 2006. *Coral Reef Conservation*. Cambridge University Press, Cambridge, 568 pp.
- Fabricius, K. E., and Alderslade, P. 2001. *Soft Corals and Sea Fans: A Comprehensive Guide to the Tropical Shallow Water Genera of the Central West Pacific, the Indian Ocean and the Red Sea*. Australian Institute of Marine Science, Townsville, 264 pp.

- Gray, W. 1993. *Coral Reefs and Islands: The Natural History of a Threatened Paradise*. David and Charles, Newton Abbot, 192 pp.
- Hopley, D. (Ed.). 2011. *Encyclopedia of Modern Coral Reefs: Structure, Form and Process. Encyclopedia of Earth Sciences Series*. Springer, Dordrecht, 1236 pp.
- Hopley, D., Smithers, S. G., and Parnell, K. 2007. *The Geomorphology of the Great Barrier Reef: Development, Diversity and Change*. Cambridge University Press, Cambridge, 532 pp.
- Hutchings, P. A., Kingsford, M., and Hoegh-Guldberg, O. 2019. *The Great Barrier Reef: Biology, Environment and Management*. 2nd edition. CSIRO Publication, Melbourne, 450 pp.
- McCalman, I. 2013. *The Reef: A Passionate History. The Great Barrier Reef from Captain Cook to Climate Change*. Penguin Books Australia, Melbourne, 352 pp.

- McClanahan, T., Sheppard, C. R. C., and Obura, D. (Eds). 2000. *Reefs of the Western Indian Ocean: Ecology and Conservation*. Oxford University Press, Oxford, 600 pp.
- Mora, C. (Ed.). 2015. *Ecology of Fishes on Coral Reefs*. Cambridge University Press, Cambridge, 388 pp.
- Prideaux, B., and Pabel, A. (Eds). 2018. *Coral Reefs: Tourism, Conservation and Management*. Routledge, London, 312 pp.
- Riegl, B. M., and Dodge, R. E. (Series Eds). Various dates from 2008. *Coral Reefs of the World.* Springer, Dordrecht.
- 由多位作者撰寫的一系列研究級書籍。大多數是以單一區域為主，有些則以主題為主：

  1 *Coral Reefs of the USA*. Eds: Riegl, B., and Dodge, B. M. 2008.

2 *The Great Barrier Reef*. Eds: Hutchings, P., Kingsford, M. J., and Hoegh-Guldberg, O. 2009.

3 *The Gulf*. Eds: Riegl, B. M., and Purkis, S. J. 2016.

4 *United Kingdom Overseas Territories*. Ed.: Sheppard, C. R. C. 2013.

5 *Coral Reef Science*. Ed.: Kayanne, H. 2016.

6 *Coral Reefs at the Crossroads*. Eds: Hubbard, D. K. et al. 2016.

8 *Eastern Tropical Pacific*. Eds: Glynn, P. W., Manzella, D. P., and Wnochs, I. C. 2016.

11 *Red Sea*. Eds: Voolstra, C. R., and Berumen, M. L. 2019.

12 *Mesophotic Reefs*. Eds: Loya, Y., Puglise, K. A., and Bridge, T. C. L. 2019.

13 Japan. Eds: Iguchi, A., and Hongo, C. 2018.

- Roberts, C. M. 2019. *Reef Life: An Underwater Memoir.* Profile Books, London, 366 pp.
- Rower, F. 2010. *Coral Reefs in the Microbial Seas.* Plaid Press, San Francisco, 201 pp.
- Sale, P. (Ed.). 2002. *Coral Reef Fishes: Dynamics and Diversity in a Complex Ecosystem*. Academic Press, London, 1653 pp.
- Sheppard, A. L. S. 2015. *Coral Reefs: Secret Cities of the Seas.* Natural History Museum, London, 112 pp.
- Sheppard, C. R. C. 1983. *A Natural History of the Coral Reef.* Blandford Press, Poole, 160 pp.

- Sheppard, C. R. C., Davy, S., Pilling, G., and Graham, N. G. 2018. *Biology of Coral Reefs*. 2nd edition. Oxford University Press, Oxford, 339 pp.
- Sheppard, C. R. C., Price, A. R. G., and Roberts, C. J. 1992. *Marine Ecology of the Arabian Area: Patterns and Processes in Extreme Tropical Environments*. Academic Press, London, 380 pp.
- Spalding, M., Ravilious, C., and Green, E. P. 2001. *Atlas of Coral Reefs*. University of California Press, Berkeley and Los Angeles, 425 pp.
- Veron, J. E. N. 1995. *Corals in Space and Time: The Biogeography and Evolution of the Scleractinia*. UNSW Press, Sydney, 321 pp.
- Veron, J. E. N. 2000. Corals of the World (3 vols). *Australian Inst. Marine Science*, Townsville, 1350 pp.

- Veron, J. E. N. 2007. *A Reef in Time: The Great Barrier Reef from Beginning to End.* Harvard University Press, Cambridge, Mass., 207 pp.
- Wilkinson, C. R. 2008. *Status of Coral Reefs of the World: 2008.* Global Coral Reef Monitoring Network and Reef and Rainforest Research Centre, Townsville, 298 pp.
- Woodley, C. M., et al. 2016. *Diseases of Coral*. Wiley, London, 582 pp.

科學評論

- Abesamis, R. A., Green, A. L., Russ, G. R., and Jadloc, R. L. 2014. The intrinsic vulnerability to fishing of coral reef fishes and their differential recovery in fishery closures. *Reviews in Fish Biol. And Fisheries* 24: 1033–63.
- Anthony, K. R. N. 2016. Coral reefs under climate change and ocean acidification:

challenges and opportunities for management and policy. *Annu. Rev. Environ. Resour*. 41: 59–81.

- Ateweberhan, M., McClanahan, T. A., Graham, N. A. J., and Sheppard, C. R. C. 2011. Episodic heterogeneous decline and recovery of coral cover in the Indian Ocean. *Coral Reefs* 30: 739–52.
- Bradbury, R. H., and Seymour, R. M. 2009. Coral reef science and the new commons. *Coral Reefs* 28: 831–7.
- Bruno, J. F., and Selig, E. R. 2007. Regional decline of coral cover in the Indo-Pacific: timing, extent, and subregional comparisons. *PLoS ONE* 2 (8): e711.
- Camp, E. F., Schoepf, V., Mumby, P. J., and Suggett, D. J. 2018. The future of coral reefs subject to rapid climate change: lessons from natural extreme environments. *Front. Mar. Sci*. 5: 433. (Editorial, prefacing 15 research studies.)

- Carpenter, K., and 40 others 2008. One-third of reef-building corals face elevated extinction risk from climate change and local impacts. *Science* 321: 560–3.
- Gardner, T. A., Côté, I. M., Gill, J. A., Grant, A., and Watkinson, A. R. 2003. Long-term regionwide declines in Caribbean corals. *Science* 301: 958–60.
- Graham, N. A. J., and McClanahan, T. R. 2013. The last call for marine wilderness? *BioScience* 63: 397–402.
- Green, A. L., Maypa, A. P., Almany, G. R., Rhodes, K. L., Weeks, R., Abesamis, R. A., Gleason, M. G., Mumby, P. J., and White, A. T. 2014. Larval dispersal and movement patterns of coral reef fishes, and implications for marine reserve network design. *Biological Reviews* 90: 1215–47.
- Harvey, B. J., Nash, K. L., Blanchard, J. L., andEdwards, D. P. 2018. Ecosystem-based management of coral reefs under climate change. *Ecology and Evolution* 8:

6354–68.

- Hoegh-Guldberg, O., and Bruno, J. F. 2010. The impact of climate change on the world's marine ecosystems. *Science* 328: 1523–8.
- Hoegh-Guldberg, O., Mumby, P. J., Hooten, A. J., Steneck, R. S., et al., 2007. Coral reefs under rapid climate change and ocean acidification. *Science* 318: 1737–42.
- Hughes, T. P., Graham, N. A. J., Jackson, J. B. C., Mumby, P. J., and Steneck, R. S. 2010. Rising to the challenge of sustaining coral reef resilience. *Trends Ecology and Evolution* 1282 (25): 633–42.
- Jackson, J. B. C., Kirby, M. X., Berger, W. H., Bjorndal, K. A., et al., 2001. Historical overfishing and the recent collapse of coastal ecosystems. *Science* 293: 629–37.

- Knowlton, N., and Jackson, J. B. C. 2008. Shifting baselines, local impacts, and global change on coral reefs. *PLoS Biology* 6 (2): e54.
- McClanahan, T. R., and Omukoto, J. O. 2011. Comparison of modern and historical fish catches (ad 750–1400) to inform goals for marine protected areas and sustainable fisheries. Conservation Biology 25: 945–55.
- Pandolfi, M. 2015. Incorporating uncertainty in predicting the future response of coral reefs to climate change. *Annu. Rev. Ecol. Evol. Syst.* 46: 281–303.
- Sully, S., Burkepile, D. E., Donovan, M. K., Hodgson, G., and van Woesik, R. 2019. A global analysis of coral bleaching over the past two decades. DOI: <https://doi.org/10.1038/s41467-019-09238-2>.
- Thurber, R. V., Payet, J. P., Thurber, A. R., and Correa, A. M. S. 2017. Virus–host interactions and their roles in coral reef health and disease. *Nature Reviews*

Microbiology 15: 205–16.

- Veron, J. E., Hoegh-Guldberg, O., Lenton, T. M., Lough, J. M., et al. 2009. The coral reef crisis: the critical importance of <350 ppm CO2. *Marine Pollution Bulletin* 58: 1428–36.
- Wilkinson, C., and Salvat, B. 2012. Coastal resource degradation in the tropics: does the tragedy of the commons apply for coral reefs, mangrove forests and seagrass beds. *Marine Pollution Bulletin* 64: 1096–105.

國家圖書館出版品預行編目(CIP)資料

珊瑚礁：不可思議的海洋生命系統／查爾斯．謝菲爾德（Charles Sheppard）著；王惟芬譯 .-- 初版 .-- 臺北市：日出出版：大雁文化事業股份有限公司發行，，2023.06
面；公分
譯自：Coral Reefs: A Very Short Introduction, 2nd ed.
ISBN 978-626-7261-44-6（平裝）
1. 珊瑚礁 2. 海洋資源保育

354.6 112006247

珊瑚礁：不可思議的海洋生命系統
Coral Reefs: A Very Short Introduction, 2nd Edition

作　　者 查爾斯．謝菲爾德 Charles Sheppard
譯　　者 王惟芬
責任編輯 王辰元
協力編輯 簡淑媛
封面設計 萬勝安
內頁排版 藍天圖物宣字社
發 行 人 蘇拾平
總 編 輯 蘇拾平
副總編輯 王辰元
資深主編 夏于翔
主　　編 李明瑾
業　　務 王綬晨、邱紹溢
行　　銷 廖倚萱
出　　版 日出出版
地址：台北市復興北路 333 號 11 樓之 4
電話（02）27182001　傳真：（02）27181258
發　　行 大雁文化事業股份有限公司
地址：台北市復興北路 333 號 11 樓之 4
電話（02）27182001　傳真：（02）27181258
讀者服務信箱 andbooks@andbooks.com.tw
劃撥帳號：19983379 戶名：大雁文化事業股份有限公司
初版一刷 2023 年 6 月
定　　價 380 元

ISBN 978-626-7261-44-6